TAKESUE HIROMI

下野の水路

鬼怒川水系をゆく

ZUISOUSHA

下野の水路

鬼怒川水系をゆく

竹末広美

はじめに

平成二三年（二〇一一）三月一一日午後二時四六分、東北・三陸沖を震源としたマグニチュード九・〇の大地震により国内史上最大規模の災害（東日本大震災）が発生した。津波と福島第一原子力発電所の原子炉事故にともなう複合災害で、多数の被災者を出し、放射能汚染の除去を含む復旧・復興は国をあげての取り組みとなった。また、同二七年九月の「関東・東北豪雨」では栃木県日光市五十里《いかり》で最多雨量五五一・〇ミリメートルを観測し、茨城県常総市付近で鬼怒川が決壊し、広範囲にわたり水没した。日本は、地震や台風など自然災害が多く、災害にどう対処していくかは長年の課題となっている。

振り返れば、天和三年（一六八三）、会津・日光地方を大地震が襲い、鬼怒川上流の戸板山《といた》（現、葛老山《かつろう》）を崩壊させ男鹿川《おじか》に土砂が流出し、巨大な五十里湖が出現した。このため上流の五十里村は湖水に水没し、会津道も通行不能となった。それから四〇年を経た享保八年

（一七二三）八月一〇日、五十里湖は降り続く長雨で決壊する。世にいう「五十里洪水」であり、下流域に甚大な被害をもたらした。そして今、その湖水跡には人工の五十里ダムが満々と水を湛える。

鬼怒川は、ふだんは穏やかな緩流であるが、いったん出水すれば洪水を引き起こし、流域に大きな被害を及ぼした。人びとは、そのたびに堤防の修復や川底の浚渫など治水対策に力を注ぎ、荒れた田畑を復興した。同じく支流の大谷川でもしばしば洪水が発生し、流域に多大な被害を与え、幕府はその復興と治水に莫大な費用を投じなければならなかった。

一方、人びとは、川からさまざまな形で恩恵を受けてきた。豊かな水は、飲料水や農業用水・水車用水となり、水運は物資輸送の有効な手段となった。何綱もの筏が川を下り、廻米はじめ諸物資が船で運ばれた。そのため流域には土場《どば》が設けられ、各地に河岸が発達した。

本書は、五十里洪水の顚末をたどるとともに、鬼怒川水系の治水と利水の実態を把握し、「川と人びとのくらし」を明らかにするものである。

二〇二〇年一〇月

著　者

図1　鬼怒川水系と利根川

下野の水路　鬼怒川水系をゆく

目次

第二章　治水と用水

第三章　筏流しと舟運《しゅううん》

第四章　川のめぐみ

【凡　例】

1 年代は年号を用い、適宜（　）で西暦を示した。
2 地名は、主として当該年代の国・郡・村名を記し、適宜その下に（　）で現代の地名を記した。
3 史料の引用は行を下げ、長文の時は行替えとし、読みやすく読み下し文にした。ただし、文意の通りにくいものは、適宜言葉を加え現代語訳とした。
4 難読の人名・地名・用語にはできるだけ読みを付し、必要な場合には（　）内に説明を加えた。
5 掲載した史料等の出典については、書名・文書名・所蔵者名を明記した。

第一章
五十里洪水

一　天和の大地震と五十里湖の出現

鬼怒川の改修と利根川東遷

鬼怒川は、日光市の北方、鬼怒沼山の南西麓奥鬼怒沼に源を発し、帝釈山の中を東に流れ、男鹿川・板穴川《いたな》・大谷川を合わせ日光市内を南東に流れる。その後、さくら市と宇都宮市境で再び南へ向きを変え右岸の小支流を合わせて、県中央部を緩やかに蛇行して南下する。さらに小山市と二宮町（真岡市）の間を南へ流れ茨城県筑西市に入って守谷市で利根川に注ぐ。流域延長一七六・七キロメートル、流域面積一七六〇・六平方キロメートルの一級河川である。

江戸初期、鬼怒川は、茨城県下妻付近で糸繰川によって小貝川《こかい》と連なり、小貝川とほぼ平行して流れ、谷和原村《やわら》細代から東流し、同村杉下で再び小貝川と合流して東南に流れ、龍ヶ崎を経て常陸川《ひたち》に合流していた。元和期（一六一五〜一六二四）、関東郡代伊奈忠治《ただはる》は、常陸川筋を整備、いわゆる利根川東遷事業を構想し、その一環として鬼怒川・小貝川の分離を計画した。寛永期（一六二四〜一六四四）になり、谷和原村寺畑から南方の大山・板戸井の間に延長約七キロメートル余の新河道を開削して常陸川筋、現在の利根川に流入させた。その結果、二河川の乱流域であった沼沢地の開発が可能となり、多くの新田地を誕生させ、肥沃な穀倉地帯を形成した（『鬼怒川・小貝川　水と暮らし』）。こうした恩恵の一方、鬼怒川はたびたび洪水を起こし、人びとの暮らしに大きな被害をもたらした。

鬼怒川は、古くは「毛野河」（『常陸国風土記』）と称し、常陸国各郡の境界を形成した。また「毛野川」は、『続日本紀《しょくにほんぎ》』（神護景雲二年条）に下野国と常陸国の境界をなすと見え、平安期の『延喜式』『倭名類聚抄《わみょうるいじゅしょう》』には「河内郡衣川《きぬがわ》」・「下野国駅馬衣川」などとある。文明一八年（一四八六）、下野国を訪れた聖護院道興《しょうごいんどうきょう》は「もみぢ散り山はにしきをきぬ川に　たちかさねたる波のあやかな」と詠んだ（『廻国雑記』）。江戸期になると、慶安四年（一六五一）の道帳「下野一国」に「きぬ川」「衣川」と見える。元禄二年（一六八九）、松尾芭蕉に随行した曽良は「絹川をかり橋有り」と日記に記した。また、天保七年（一八三六）、植田孟縉は『日光山志』に「絹沼」「絹川」について記述し、嘉永三年（一八五〇）、河野守弘は『下野国誌』で「衣川黄骨魚《あいさ》」を紹介している。他方、江戸初期から「鬼怒川」の表記も見られ、延宝二年（一六七四）、鬼怒川の簗場争論では、船生村と大渡・町谷両村（日光市）から出された返答書には「鬼怒川」と書かれている。

恐れながら返答書を以て御訴訟申し上げ候

一 今度宇都宮領舟生村と日光御神領大渡村・町谷村境の儀、舟生村より申し上げ候は、ひよ鳥はがより渡戸向の道大谷川刑部渡戸と申す所迄舟生村地内の由申し上げ候儀、大成り偽りに御座候、先年より舟生村と大渡村・町谷村境目は鬼怒川半分に相究め互いにやなかけ川殺生《せっしょう》仕り候、其の上ひよ鳥はがの上小ひどゝ申す所より大谷川落合迄、大渡村々うけ場四ヶ所御座候、(後略)

(『いまいち市史 史料編 近世Ⅳ』)

享保八年(一七二三)八月、「鬼怒河」は大雨で満水となり「怒(五十里)水」が決壊して大洪水となった。下流の舟戸村(小山市)では百姓一人が行方不明になり、家数二六軒を流失させた。

一 去る十日に鬼怒河満水、其上同国怒(五十里)水押し抜け夥しく満水仕り候て、百姓家在(財)・扶食《ふじき》種救助等残らず押し流し、漸《ようや》く命計り助かり罷り有り候、御見分遊され候通り秋作等一切御座なく、百姓飢命に及び難儀仕り候、御慈悲に人馬・夫食・種石等下し置かれ、百姓助かり申す様に願い上げ奉り候、殊に船戸村の義は百姓一人流失仕り候、名主・組(頭)・其外百姓家七軒、惣《すべ》て家数二十六押し流し、此もの共取り別け難義仕り候事、右申し上げ候通り御座候、御慈悲をもって百姓助かり申す様に御救遊ばされ下さり候はゞ、有りがたく存じ奉るべく候、以上

享保八年八月廿八日

舟戸村
名主
組頭
年寄
百姓

北条新左衛門様
御役人衆中様

右是は殿様へ差し上げ申し候

(『小山市史　史料編　近世Ⅰ』)

また、同年一〇月の舟戸村からの御普請願には「此の度の満水に付き、鬼怒川より田川へ

押し込み田畑亡所同前に罷《まか》り成り候、村々鬼怒川欠場《かけば》古川へ瀬違《せがえ》御普請願い上げ奉り候事」とある（同書）。

湖水の出現

天和三年（一六八三）、マグニチュード六・八といわれる「日光大地震」が会津・日光地方を襲った。地震により鬼怒川上流戸板《といた》山（現、葛老山）が崩壊して男鹿川に土砂を流出させ、男鹿川と湯西川を堰き止めて「五十里湖《いかりこ》」を出現させた。このため上流の五十里村は湖水に水没し、村を通る会津道は通行不能となった。

五十里村で長く名主をつとめたのが赤羽家である。問屋を兼ねて大名の通行や廻米・御用荷物の輸送に従事した。この地震と湖水について、次のように記している。

覚

（前略）

一　五十里村・独鈷沢《とっこざわ》村川筋の儀、野州・奥州の境、横川村男鹿ヶ岳《おじかだけ》より水流れ、則ち男鹿川と申し候、川幅六、七間程、此の川日光領西川村の川と落合い、それより同御領

五十里湖水と葛老山（日光市五十里）

川路村の下にて鬼怒川へ落合い申し候

一　四十一年已前《いぜん》天和三年亥《い》九月朔日《さくじつ》地震仕り、日光御領西川村地内戸板山崩落、五十里村地内布坂《ぬのさか》山の出崎男鹿川・西川村の川落合い候下にて築留《つきとめ》水湛え、湖水に罷り成り候

一　右湖水段々水上へ湛《たたえ》上り独鈷沢村地内中井と申す畑高十八石、五十里村地内高百二十五石五斗四升五合、湖水に成り候処、天和三年亥九月朔日より貞享元子《ね》正月十三日迄日数百五十三日程にて湛え申し候

一　五十里村湖水已前の村合水底に罷り成り候に付き、名主百姓三十一人の内二十一人、本五十里《もといかり》村より辰巳《たつみ》に当て山の中断

上野と申す処へ引き移り住居仕り、残り十人は湖水を隔て独鈷沢村地内石木戸と申す処へ□□引っ越し住居仕り候

一　湖水長五十三丁十八間

広さ四ヶ所　八町十八間、堀割前　深さ四ヶ所　二十六間、簗留前

三町三十二間、本五十里　十八間、本五十里

三町四間、仏の岩　十間半、仏の岩

二町二間、石木戸前　三間半、石木戸

（「陸奥国会津領御蔵入野州塩屋郡五十里村湖水抜候覚書」『藤原町史　資料編』）

湖水の規模は、長さが五十里方面へ約五・一キロメートル、西川村方面へ約四・〇キロメートル、幅は堀割前が最大で約九〇〇メートル、最小地点で約六七メートル、深さは堀割前が最大で約四七メートル、浅い所で石木戸付近が六メートルであった。この湖水によって、五十里村は約九〇日で水没し、会津道の交通は途絶した。水没前の五十里村は、村高一二五石五斗余、家数三一軒、人口一六五人の村で、村人の大半が男鹿川左岸に住んでいた。さらに一五三日が経過して独鈷沢村地内中井の畑方一八石ほどが湖水に飲み込まれ、西川村方面

でも村高三三石が水没した。

五十里村の移住

村の水没後、五十里村（水没後「本五十里村」）の名主・百姓三一軒の内二一軒は本五十里村から東の上野（「上の屋敷」）に引き移り、残り一〇軒は湖水を隔てて独鈷沢村地内石木戸に引っ越した。移住後、石木戸の百姓は船頭となり、石木戸・上の屋敷間の人馬や物資の輸送に従事した。五十里堀割にある示現神社境内には、「宝永元年、石木戸五郎九人」と刻まれた石祠がある。もとは石木戸にあったが、この地に移されたものである。一方、上の屋敷の百姓は、上の屋敷・高原新田村間の往来荷物を馬で附送りし生活を立てた。湖の舟運が可能になると、五十里村の宿場機能が復活し、会津道の交通が再び動き出した。石木戸は、「石木戸河岸」とか「石木戸舟場」と呼ばれ、宝永期には会津藩の廻米用の土蔵も作られた。人々の生活は、農業・山稼ぎ（林産物）による収入から駄賃や船賃に依存するものとなった。

二　湖水の水抜工事

天和の工事

地震後、会津藩は、会津道を復活させるため何度か五十里湖の水抜《みずぬき》工事を試みた。水抜は、交通の再開となるだけでなく、将来起こりうる洪水への恐れを解消するものであった。「覚書」は、工事の様子を次のように伝える。

一　湖水に成り候節は肥後守御預《おんあずけ》ヶ所《しょ》の節に御座候に付き、其の節に役人指し登らせ委細言上に及び候故、別して覚書も御座無く候、其の砌《みぎり》上水を落とし候ため布坂山掘割の儀伺い奉り候処、掘割候様に仰せ付けられ、則ち御普請申し付け候、然《しか》る処上は出山にて二、三間掘り下げ候得共、底に一枚岩これ有り掘割難儀、其の趣申し上げ御普請相止め申し候、右掘割所大滝三つこれ有り、上水流し申し候処、此の度水干しに成り申し候

一　宝永四年亥《い》四月神田松下町升屋文助、浅草草尾町大口屋平兵衛、浅草新旅籠町津賀屋善六、右三人の者共五十里湖水水抜き御普請御受負の儀、御訴訟申し候処、成就仕《つかまつ》らず御詫び申し上げ退き申し候

（後略）

（同「覚書」）

地震の直後、会津藩は郡奉行飯田兵左衛門に命じて湖水調査を行わせ、事態を幕府に報告するとともに、「突留《つきとめ》（簗留）」に掘割をして湖水を男鹿川下流に流す計画を立てた。ところが工事が始まって二、三間ほど表土が取り除かれると、巨大な一枚岩が現れ、工事は中止に追い込まれた。ただ「突留」は低くなり、三本の滝ができて湖水の一部が排出されるようになった。

水抜工事は、幕府支配の元禄期にも計画された。一回目は、元禄元年（一六八八）、代官竹村惣左衛門が五十里村の願いを受け、宇都宮藩・日光山・幕府三者立合で湖水調査を行うが工事にはいたらなかった。二回目は、元禄七年、代官依田五兵衛が工事を計画するが、新道（会津中街道）開削を進める会津藩の方針転換で取り止めとなった。翌年一一月（一〇月か）、新道は完成する。

宝永の工事

しかし、会津中街道は難所の多い山道で、はたして暴風雨で那須大峠付近が崩落し通行不能となった。そのため幕府の認める参勤交代のルートにはならず、脇街道に格下げされた。宝永二年（一七〇五）、南山御蔵入領の三依《みより》地域が再び会津藩預りとなり、再度五十里村から水抜工事の願いが出された。同四年、願いは聞き入れられ工事が開始された。升屋文助・大口屋平兵衛・津賀屋善六ら江戸商人が工事を請負い、会津藩から入用金四三七五両と鍬・鶴《つる》嘴《はし》・唐鍬など普請道具が貸与された。工事に際し、商人側は百姓が旧屋敷地へ復帰できるよう援助することを約束し、これに対し百姓側は工事への参加と宿舎の提供などを約束した。実際、五十里村は、同五年三月六日から一〇月一〇日までの二一〇日間、延べ八四〇人を工事に出し、一日一人一〇〇文、総額で八四貫文の「奉仕銭」を受け取った。しかし、「突留」の岩盤は堅く、またも工事は失敗に終わった。

伝説「腹切り六左」

今、五十里ダムに架かる海尻《うみじり》橋付近の布坂山には、この工事の責任をとって切腹したとされる高木六左衛門の墓（「六ざの墓」）が残る。しかし、切腹を裏付ける史料は見い出せない。初見は「里の由来」（『藤原村誌』前編』）で、「これを五十里洪水と曰ふ、当時工事に任せし者君命を全うせざりしを恥ぢ屠腹《とふく》して其罪を謝巣せしと云ふ、今日関門の趾にある数基の碑即ち

表1　会津中街道の歴史

和暦		事項
元禄7年		湯宮村又兵衛ほか2名、大峠開発請願書を会津藩に提出。
元禄8年	3	会津藩、道筋村々調査。坂巻家、矢板宿問屋開設願を提出。
	7	荒井村名主、「間数改調」の報告。
	8	田島にて工事入札。
	9・5	工事着工。
	9・28	会津松川宿・下野板室宿間で「新道はじめ」廻米2駄。
	10・9	工事完成。
	10・15	南山代官依田五兵衛、工事完成を会津藩へ報告。
	10・19	各継立場間の測量。
元禄9年	1	下野川崎宿に高札が立つ。
	4	会津藩主松平正容が参勤交代のため通行。
	5	越後村松藩主堀直利が参勤交代のため通行。
元禄10年	6	会津藩主松平正容が参勤交代のため通行。
元禄11年	5	越後村松藩主堀直利が参勤交代のため通行。
元禄12年	8	暴風雨により各所に被害。
元禄17年	7	暴風雨により通行困難となり脇街道に編入。

其墓なり」と見えるが、『会津藩家世実紀』に記録はない。また、切腹者も高木六左衛門であったり（『享保秘話　五十里湖洪水記』『旧日光神領区市町村合併記念　総合要覧』）、早川粂之助とあったりして（『栃木県大百科事典』・『男鹿川河水統制既成同盟会』「五十里湖水」）、はっきりしない。

会津中街道の開削

南山御蔵入領を通る会津道が地震によって通行不能になると、会津藩は三代藩主松平正容《まさかた》のもと新道の開削を計画する。元禄八年（一六九五）九月、工事が始まり、早くも翌月には竣工した。行程は、氏家宿（さくら市）から矢板宿（矢板市）を経て、那須山中に入り三斗小屋宿・大峠・松川宿などを通って会津に至るというもので、氏家宿からは鬼怒川の阿久津河岸へ通じた。しかし、新道は山道で難所が多く、実際、大峠付近が崩落して会津西街道が復活すると次第に使用されなくなった。

三　洪水の発生と被害

洪水の発生

享保八年（一七二三）八月一〇日、折からの長雨で増水した五十里湖が決壊した。この前代未聞の洪水は、人びとから「五十里洪水」とか「五十里水」「湖水抜け」「海抜け」などと呼ばれ記憶に留まった。前出「覚書」は、次のように伝える。

一　当八月七日より十日迄昼夜大風雨にて平生の水より四、五間も増し、先年築き溜まり候所押し抜け、元来の川筋故日光御領川路《かわじ》村と申す所へ押し出し候由、十日の昼過より十一日の朝迄に引き申し候、干《ほ》し揚がり候所は本の畑方相見え申し候、水下十八町

程いまも水を湛え候所は畠方顕われ申さず候、委細は絵図に記し申し候
一顕われ候畠方当年より畑に成り候所もこれ有り候、今以て湖水相残りこれ有り候間、
川通りの分は北方うみ当分畠に罷り成らず所もこれ有り候、四方に罷り成り候所、御
書付相見え申さず候
一五十里村にて荷小屋二軒、お蔵一軒、石木戸にて家六軒流れ申し候
一湖水抜け候已来は舟の往返罷り成らず候故、岩山・川岸をへつり漸く通路仕り候
右の通り吟味仕り、書付・絵図共に相添え指し上げ申し候、以上

(享保八年)卯九月

柏木覚右衛門

御勘定所

(同「覚書」)

湖水の決壊した五十里村は、水没後村人はすでに高台(上の屋敷)や湖尻(石木戸)に移住していたため、被害は荷小屋二軒・土蔵一軒・家屋六軒(石木戸の船頭の家か)の流出にとどまった。一方、下流の川治村では、十日の昼過ぎから翌日朝までには水は引いたが、水下にある家や

畑もあり、村の景色は一変したという。さらに下流の藤原村は、死者八人・流出家屋七九軒・流失馬二疋を数え、全村壊滅的状況であった。日光東照宮の『日光叢書社家御番所日記』にも「宇都宮領の内藤原と申す町家残らず相流れ、人十人・馬四疋流死の由也」とあり、ほぼ被害状況は一致する。死者が少なかったのは、事前に増水の情報がもたらされ、村人の避難が早かったからとされる。また、同記録は、下流右岸の大瀧村（日光領滝村）の流失家屋を一六軒とする。湖水が抜けると五十里村では、これまでの舟による交通はできなくなり、人びとはへつり（絶壁や川岸の険岨な路）を使い通行した。

下流域の被害

洪水は、一〇日の昼過ぎに始まり、翌日朝には水が引き始めた。その被害については、「大渡村古来記」には「人馬の流死事員《かぞ》へ難し」と記され、死者は一万人を超えたともいうが、正確な数字はわからない。

大谷川通り御領分中、流死者九百九十七人、上小倉村にて簗人数十二人、一人も残らず流死仕り候、外十一人子供三十二人、上平《うわだいら》村馬十三匹、民家人百人馬家流る、大谷《おおや》村にて四十人、東下ヶ橋村家二十五軒・人五人流死。

（『河内町誌』）

大谷川は、大渡・町谷（日光市）の東部で鬼怒川に合流するが、鬼怒川の水は大谷川を逆流し村々に溢れ出た。流死者は、この付近だけで一〇〇〇人を越え、全域となれば数千人に及んだものと推測される。後世の記録ではあるが、「宇都宮志料」は被害状況を広範囲にわたり記述している。

五十里洪水の事

○高原新田村は高山にあり、家居は高い所なので水の被害はなかった。○藤原村も山であるが、川通りの左右は岩で川幅が狭く、大ソベリ・太閤《たいこう》オロシなどの難所もある。ソベリは藤原村の入口にあって、常に山の上から岩が砕け落ちる所である。特に川幅が狭いので藤原村へ水を押し上げ、村中の家を流し倒した。庄屋の家の尺二、三寸廻りの竹藪は根こそぎ水に押し流され、今はなくなってしまった。村の者たちは山へ上って命は助かった。○大原村は土地が高く、村方に支障はなかったけれども水が押し上げた。○

五十里洪水の光景（香川大介画）

高徳村も山合で川より高く、向かいは大桑村で日光御神領である。高徳村から渡船を出し大桑村へ往来の者を渡す。石塔島《せきとうしま》は、松平右衛門大夫正綱が日光より奥州街道の印として杉を植え、その印を碑銘にして立てたことから名づけられたが洪水で流され、先祖の立てた石碑であるとして再建された。大谷川もこの所へ流れ出る。船生村と大桑村の間に籠岩《かごいわ》がある。方四、五十間の岩で、下を水が潜り流れてその絶景はたとえようがなかった。向かいの小林村の川端は松山である。洪水によって籠岩は押し埋まり、松山は押し流され川となった。今は昔の籠岩のおもかげはない。○大渡村は日光領へ出る道にある。舟生村からは渡舟《とせん》で往来者を渡す。○舟生村は川幅が広いので、村方への支障はなかったが、水は押し上がり田地は砂入りとなった。佐貫《さぬき》村も同様であった。○上沢《うわさわ》村は土地が高いので、水押しはなかった。○風見村は水が押し上げ、村中には支障はなかったが田地が砂入りとなった。○上平村は地内の川原に材木蔵があり、増水で蔵が危なくなり村の者が出て普請を行った。洪水はいよいよ増して、材木蔵は材木とともに押し流された。助かろうと泳ぎ出した者は、一人も残らず溺れ死んだ。材木蔵は、押上村の清滝神の松山に止まり、蔵の屋根の上に登っていた者はみんな助かった。翌日漸くに押上村へ出た。一夜二日間、食事なしで辛い目に遭ったが命は助かった。材木蔵は風見村へ引き戻された。○押上《おしあげ》村・肘内村・田所村・大宮村・大久保村は新川《あらかわ》の水押しで田地へ土砂が入り川欠となった。○長窪新田村・川原新田村・上小倉《かみこぐら》村・下小倉村・東芦沼《ひがしあしぬま》村・西芦沼村・下ケ橋《さげはし》村は洪水で一面押し流され、田地はなくなって家だけが残った。○今里村・宮山田村は鬼怒川通りで羽黒山があり、水は上がらなかった。○山田川が出水し、上田原《かみたわら》村・下田原村・冬室《ふゆむろ》村・関白村の田地には石砂が入り川欠となった。○馬場村・桜野村・大谷村・氏家新田村の水位は三、四尺ほど、氏家村へは鬼怒川から三、四町あり、土地が高く川幅も広い。○今里村・宮山田村の羽黒山へ水が突き当たり、氏家宿へ水が押し流れて人馬が多く死んだ。前代未聞の事である。○氏家宿の身上のよい家は二階造りなので女・子供は死なずにすんだ。馬場村の今宮大明神は九月十九日が祭礼である。氏家宿の者たちが祭りの屋体を出して子供に踊りを仕込み、近郷からも群衆が出て大いに賑わうが、洪水で中止になった。○上阿久津村は床上に水が三、四尺上がったが、村の者は山へ上がり命は助かった。御蔵がたくさんあり、特に材木切組（加工された木材）の御蔵二棟が切組とともに流れてしまった。一棟は下桑島村の高い所に止まり、一棟は上桑島村の松山に止まった。材木とともに二棟の切組御蔵は今、両所にある。○上岡本村・白沢村は水が押し上げ、床上三、四尺に及んだ。その頃は、奥州大名方が三月と九月に参勤の交代をするので、氏家宿・白沢宿・上岡本村の本陣は、宿々とともに畳表替や襖障子張替・腰張等まで御上《おかみ》によって修復がなされた。○西は中岡本・下岡本・上下柳原・下平出・石井・上桑島・下桑島・東刑部《ひがしおさかべ》・東木代・上文挟・東汗《ひがしふざかし》村、東は中阿久津村・宝積寺・板戸・莇沼新田・道場宿・竹下・鐺山《こてやま》村等の村で、この辺りの御領分の田地にも石砂・水が押し上がった。村々はすべて田川通りの水押しで、山本・長岡・上川俣・下川俣・岩曽《いわぞ》・竹林・塙田・大曽・今泉・宿郷《しゆくごう》・簗瀬《やなせ》・宇都宮下町通り（明神山より下町ばかり）・東川田・上横田・中島村の田地にも石砂が入り川欠となった。このため川除堤工事を命ぜられた数は夥《おびただ》しいものになった。〇翌辰年、公儀から川除御普請を命ぜられて御奉行二人が来て、村々に石で川除堤を築いた。立敷《たてしき》五間、高さ九尺、馬踏《ばふみ》（堤防の頂上の平らにしてある所）は九尺で、これは小さい方の堤である。御中小姓・御歩行《おかち》・御足軽奉行が御勘定方から出て、石原七郎兵衛が惣奉行となった。村方は東西に紙旗を立て、東の築立《つきたて》（盛り上げたものを計画断面に仕上げる作業）の村々へは田畑に砂が入ったとして御上より賃銭が出された。他郷からの川除普請・石砂浚いの人足等は、古今未曾有の夥しい数となった。

（「宇都宮志料」『栃木県史　史料編　近世一』）

大渡村（日光市）では、午後四時頃から出水し、午後八時頃には引き水となった。水かさは一丈六尺（約五メートル）になって街道を流れ、家々には九尺余（約三メートル）も浸水し、門の側にあった大石が村の中を流された。この洪水による死者は、全域で一万二〇〇〇余人にもなったという。ただ、鎮守の貴船《きぶね》神社は水が縁の上に上がらず、大木が鎮守の森に横たわって水除けとなり、多くの田畑が洪水から守られたという。

貴船神社（日光市大渡）

五十里水海供（洪）水の訳ヶ

（前略）年月を送る事已《すで》に四十二年目に相当たり、享保八卯《う》歳となり、雨降る事春夏初秋迄打ち続き、闇夜の如く、晴天なる事一日もなし、別して七月末より大雨、猶亦《なおまた》八月七日より十日迄昼夜の雨盆を傾《わけ》る如く、偏《ひとえ》に篠をつくに異ならず、右の岩山底よりもれ出て、彼の海一度に貫ける故、此の水流るゝ事山の如し、川下の村々家財田畑は云うに及ばず、人馬の流死事員《かぞ》へ難し、此の水氏家宿より姥貝《うばかい》宿へ抜け、水戸辺りに流れ行く、古今希有《けう》の珍事思ひ懸ざる事、殊に夜中にて有りしかば、火事か盗人とうろたへ、動く内に水家内に充満し、親流るゝとも、子是を顧みず、子水に漂ひとも親是を助けず、現世あび大地獄も斯《か》くやらん、人流れ死ぬ事已に一万二千余人也、此の水十日申の中刻（午後四時頃）より出て、戌《いぬ》中刻に引き水となる、街道を水流るゝ事一丈六尺也、家の内に入る事は九尺余、門置の大石、村下に流る、かゝる大水なれども、鎮守貴布祢《きぶね》の宮へは、縁の上へ水一切揚げず、御屋ねは升形《ますがた》より上破れ流れ行方知らず、升方より下に一切障りなし、森の上には六、七間余の大木を横たへ、其の上に小木を引き懸け、川上の在家より流し莚畳《むしろたたみ》を幾枚ともなく押し懸け、高さ一丈六、七尺留切有り、斯《かく》の川除有り候事、何者の業を知らず、偏《ひとえ》に鎮守水除《みずよけ》を成され候事、有り難き事言語に述べ難く故に、当村は田畑過半残りける、凡《およ》そ其の砌《みぎ》り水損の畑高二十七石三斗四升三合也、永荒《えいあれ》と成る、種々寄（奇）異の事ども数々にて、鎮守の霊験数多《あまた》有り候得ども別に記すもの也

（「弘化五年　大渡村古来記」『いまいち市史　史料編　近世Ⅴ』）

上平村（塩谷町）は、河岸の建物や諸材木を全部流出させ、田畑も水押で被害を受けた。流された材木蔵は、押上村（さくら市）の清滝神社（水神社か）の松山に止まり、人びとはその屋

明治 35 年の堤防崩壊（上三川町上郷、日光市立図書館所蔵『壬寅歳暴風雨写真記念写真帖』）

根の上に避難して助かったという。

氏家宿（さくら市）は、一〇日の日暮れに出水し、午後一〇時頃には水が引いた。水死者は八〇人余、馬も四〇疋余が死んだ。家屋は残らず大破し、人々は流死者を見つけては埋葬するが他人と取り違えて混乱した。今も氏家の光明寺には六名を弔う供養塔が残る。

上阿久津河岸（さくら市）でも材木蔵が流出した。

日も暮方に成りければ、川の瀬昼より夥しく、深山卸《おろし》の吹き来るごとく聞こへけれども、動く小枝もなかりければ、水押し込むべきなどと心もつかず居る所へ、五十里崩れし水なれば、家並一時に押し込み、子を捨て逃げる者もあり、十方《とほう》を失ひ、親をすて逃げんとするも有り、定業《ていぎょう》にやあらんと云ひながら、居宅即座に押し潰され、親子三人簗の下にぞ死ぬもあり、又、家にはひ登り、行衛も知らず流れ行く、見るに付けても我が身の程覚束《おぼつか》なく、神をいのり仏名を唱ひ、一心不乱、生念《しょうねん》の覚悟を極めける、四つ過ぎ水引きけれども、立つべき所もなく、親子兄弟・下女・下男行衛《ゆくえ》知れざる者有るを、てんぐに出て呼びたれど、当座しれざるもの多し、二、三日か其の間、方々尋ね、死骸見つけし者もあり、水におぼれて死にければ、姿も常に違ひ、死骸取りちがい葬らんとするも有り、凡《およ》そ流死にし人馬、男女八十人余、馬数四十疋余、自性院・成就院其の外堂社押し流され、家居残らず大破する、こゝに不思議の有りけるは、成就院千手観音は日光開山聖（勝）道上人の御作のよし噺《はな》し伝へける、此の仏、氏家新田まで道法二十町程流れけれども、御手足少しも恙《つつが》なく、誠とや御作のしるしと諸人信心弥《いや》増しにける、命助かるものどもも、二時余悪水に浸り、半死半生、湯水にも飢え、薬など求めん方もなく、泪《なみだ》と共に夜も明ければ、家財所々に流れ残り、当座は主も知らざれば、見付け次第に拾い、取り乱れ、徳政も角あらん

（「五拾里記《いかりき》」『氏家町史　史料編　近世』）

さらに下流でも沿岸の村々へ出水して田地に大きな被害を与えた。宇都宮方面では、田川の出水のため山本・長岡・上川俣・下川俣・岩曽・竹林・塙田・大曽・今泉・宿郷・簗瀬・宇都宮下町通り・東川田・上横田・中島の村々にも被害を及ぼし川欠《かわかけ》（免租）となった。

当時、荒湯《あらゆ》（那須塩原市）にいた日光山の僧堯心坊《ぎょうしんぼう》は、折柄の豪雨が気がかりで、九日、雨の中を出発して帰途についた。はたしてどこも増水で川を渡ることができず、一六日になってようやく日光にたどり着いた。その間、喜連川宿（さくら市）に二泊、石上村（大田原市）二泊し、さらに氏家宿一泊、板戸村（宇都宮市）にも一泊したが、板戸村では簗の上で夜を明かさねばならなかった。宇都宮領内の流死した人馬は数知れなかったという（『日光叢書社家御番所日記　第五巻』）。

のちに田中正造が氏家宿の被害状況について、「一寺で追弔《ついちょう》三千人」と日記に伝聞したものを書き留めている。

〇（明治四四年一二月）二十五日　さの町玉生かず平氏方
イカリ沼破烈、鬼怒川死亡氏家の寺一ヶ所のみニて追弔三千人、内姓名を分る分三十人、今尚供養塘（塔）あり。

（『田中正造全集　第十二巻』）

洪水からの復興

洪水の翌年、幕府は奉行二人を現地に派遣して川除普請を開始した。川除堤が村々に築かれ、小さいものでも立敷五間（約九メートル）・高さ九尺（約三メートル）、馬踏九尺（約三メートル）もあった。御勘定方から多くの役人が出され、石原七郎兵衛が惣奉行をつとめた。村の東西に紙幟《かみのぼり》を立てさせ、築立《つきたて》の村々には川欠けとして賃銭（手間賃）が支給された。石砂浚いのため他郷から来る人足等も大勢になり、「古今未曾有《みぞう》の数」となった。

一方、五十里村では水の引いた湖水跡にまた戻れる状況となり、人々は帰村を悦び、水が抜けた日を「海抜《うみぬけ》十日」といって祝った。ただ、帰村には生活用水の確保や屋敷の割付け・会津街道の整備など多くの課題を抱え、村が復興するまでには洪水の後五年（享保一三年）を要した。それどころか洪水はその後もたびたび村を襲い、再度移転しなければならなかった。

これに対し藤原村の復興は早く、三年後の享保一〇年には再墾可能な土地のほとんどが回復し、さらには新畑の開墾も進められた。

四　洪水の記憶と五十里ダム

明治三五年の洪水（足尾台風）

五十里洪水の記憶は、その後も鬼怒川の洪水が発生するたびに人びとの心に思い起こされた。明治三五年（一九〇二）九月、大暴風雨が県下を襲い、死者一六一名、行方不明六三名、負傷者三二八名、家屋全壊八六〇九戸、半壊五一六戸、流失四一二〇戸を出した。日光では男体山の山腹が崩壊して土石流が発生し、二荒山神社（中宮祠）の拝殿や中禅寺の立木観音・日光尋常小学校中宮祠分教場が流失した。この土石流で中禅寺湖では高さ三メートルの津波が起こり、湖岸の石垣や堤防を破壊し、旅館や茶屋に被害を与えた。さらに湖水は華厳滝からあふれ出し、大谷川流域に大洪水をもたらし、神橋をはじめ各所の橋を押し流した。鬼怒川流域でも五十里洪水を彷彿させる洪水が発生した。小林村では家屋や耕地・耕地林を押し流し、農産物の収量は激減した。

鬼怒川の増水したる亦甚だしく、便《すなわ》ち今を距《へだて》ること百八十年前、享保八年八月十七日に於《おけ》る五十里洪水以来近古未曽有《みぞう》の洪水たりしと称す、而して正午十二時の最大水量は大凡《おおよ》そ二丈有余、即ち字《あざ》水神原より対岸塩谷郡大宮村字上沢山麓に至る全面悉《ことごと》く濁流漲溢《ちょういつ》して、怒濤《どとう》山の如く突然泥海に髣髴《ほうふつ》たり、而《しか》して激流乍《たちま》ち橋堤を噬《か》みて断崖となし或は狂澐《きょううん》忽《たちま》ち耕野を呑み、菑石《そうせき》を遺して去り横に暴威を掉《ふる》ふ、字水神原齋藤万平氏住宅浸水床に達して避難するに臻《いた》れり、故に水害も亦著しく字久保、後安、下河原等の如き河川沿岸一帯の耕地林は、流失或は埋没して磧原《せきげん》と化し、猶官有拝借地たる字春ヶ島の大半及び水神原等の開墾地も亦荒野と変す、特に注目すべきは農作物の被害是なり、本夏以来不順なるに起因し幾多其成熟を損したりし上、又其の非常の災厄を被り多大の減穫《げんかく》を見るに至れり、故に脱水の田園と雖も其収量は蓋《けだ》し平年の半額にして、即ち村民は棲食《せいしょく》雙艱《そうかん》に陥り、恰《あたか》も鳥狸《ちょうり》の巣窩《そうか》を襲はれ□餌猶失ひたるが如し、其窮《きゅう》苦洵《くまこと》に名《めい》状《じょう》すべからず

（『小林村略誌』）

鬼怒電工事反対運動

明治期、栃木県は、鬼怒川水系や那珂川水系などに有望な水資源をもち、日本の電源開発

明治 35 年の堤防崩壊（小山市桑嶋、日光市立図書館所蔵『壬寅歳暴風雨写真記念写真帖』）

の先進県であった。なかでも完成当時東洋一を誇った下滝発電所（現、鬼怒川発電所）の工事は、明治期最大の工事とされ、鬼怒川水力電気株式会社の手によるところから、俗に「鬼怒電工事」と呼ばれた。工事は、東京市電用の発電を目的とし、明治四四年（一九一一）に着工、大正元年（一九一二）から翌二年にかけて竣工した。

工事内容は、鬼怒川上流の栗山村大字黒部《くろべ》（日光市）において鬼怒川本流を堰き止めて黒部貯水池を設け、山中を導水して鬼怒川右岸、旧藤原町下滝地内（日光市）で水を落として発電するものであった。しかし、工事が始まると、

明治 35 年の堤防崩壊（宇都宮市石井、日光市立図書館所蔵『壬寅歳暴風雨写真記念写真帖』）

黒部堰堤及び仮堰堤の安全性や土砂扞《かん》止《し》、水質変化、灌漑用水との競合といった問題が発生し、下流沿岸民による反対運動を引き起こした。反対派は、鬼怒川治水組合を中心に鬼怒川治水会を結成し、茨城県の沿岸民を巻き込んで激しく対抗した。工事当初、栃木県会は、明治四三年、「鬼怒川水力発電用貯水池設置ニ関スル意見書」を可決し、栃木県知事中山巳代蔵に提出した。その中で「天和三年八月には猛雨あり山岳崩壊し五十里河口を填《うづ》めて一大湖水を成し、享保八年八月頃強風猛雨一たび此湖面を打つや忽ち欠潰して鬼怒川沿岸に多大の惨害を与へ、宇都宮より真岡に至る迄全く水中に没し死傷測られざるものありしは我県人の記憶に存する所たり」（『栃木県議会史　第二巻』）と、五十里洪水を引き合いにして、当局者の責任ある調査と沿岸民が安心できる最善の方法手段を求めた。実際、堰堤は出水によって度々破壊されている。しかし、関係当局は鬼怒電擁護の立場をとり工事は進められた。ただ、運動中に取り組まれた鬼怒川を国の直轄河川に編入しようとする動きは、那珂川を含め大正期の大きな県民運動となった。

鬼怒川改修計画と五十里堰堤

大正一五年（一九二六）、鬼怒川流域のたび重なる洪水に鬼怒川改修の要望が高まり、鬼怒川改修計画がたてられた。当初の計画は、被害の多い栃木県塩谷郡大宮村（塩谷町）から茨城県大野村（守谷町か）地内利根川合流点に至るまでの改修と、かつて五十里湖水のあった鬼怒川上流男鹿川に貯水池を設けて流量を調節するというものであった。後者は、現在の海尻橋付近に堰堤（五十里堰堤）を築くというもので、実際、地質調査や工事用発電所の建設が進められた。しかし、断層が見つかり、昭和八年（一九三三）、計画中止となった。その後、改修計画は見直され、貯水池なしの変更がなされた。

昭和になり、同一三年に大洪水が発生し、再び堰堤計画が浮上した。海尻地点に高さ一〇〇メートル級の石塊式堰堤を建設するというもので、同一六年着工するが世界大戦の激化によって中断に追い込まれた。大洪水は、戦後も二二年、二三年と相次いで発生した。こうしたなか再び五十里堰堤建設の気運が高まり、二三年より堰堤の位置を海尻《うみじり》付近から建設費がかからず岩盤もより堅固な海尻下流（長瀞《ながとろ》）に移して工事が開始され、昭和三一年、五十里ダムの竣工をみた。高さ一一二メートル、長さ二六七メートルの重力式コンクリートダムが完成した。一方、ダムの湛水によって人工の五十里湖が出現し、五十里・西川地区の人びとは再び移転を余儀なくされた。

第二章
治水と用水

一　諸河川と水害

古代・中世以来の伝統を誇る日光山は、近世以降も引き続き日光権現《ごんげん》を仰ぎ崇敬する山岳信仰の霊場であった。このような地に、江戸幕府は、徳川家康（東照大権現）を東照社（後、東照宮）に、ついで家光を大猷院《たいゆういん》に祭祀して、日光山を近世国家最大の聖地として形成した。領知関係においては、家康以来、日光山に対して日光山貫主《かんす》・門跡宛の将軍の判物《はんもつ》・朱印状を下付して、日光領とか日光神領・御神領と呼ばれる所領を寄進した。この日光領において、大規模な治水工事が展開されたのが稲荷川・大谷川・竹鼻川の三川である。三川について、江戸期の道中記は次のように紹介する。

○稲荷川　水源は赤梛山（赤薙山《あかなぎ》）谷々より流れ出て、大谷川に合流する、平常は水が少なくて川の中央を流れ、両辺の河原は石のみ多い、夏秋の際、霖雨の時は洪水が出て巨石を流し、近辺の人民は水災に遇うことがある、流末は四里程下の針貝村《はりがい》で絹川に合流する

○大谷川　石川の清流で、巌石に激しくあたり流れる音は大きく、その色は玻瓈《はり》のようで

ある、水源は中禅寺湖水より出で、華厳の瀧となり、久次郎（久次良《くじら》）村より含満渕《かんまんがふち》を経て、神橋の下を過ぎて稲荷川に合流する

○竹が鼻　大谷川の向こう所野《ところの》山の下になる出崎をいう、このところの下は巌石で上は芝生なのでどんな洪水にも損壊せず、所野村の人民はこれによって水災を免れることが多い

（「日光道中略記」）

三川のうち、稲荷川と大谷川は、その段丘上に日光山の諸堂舎を構え、また、大谷川には神橋を渡していたため、特に治水の必要性は高く、日光山および幕府にとって重要な河川であった。竹鼻川は、国役普請の対象となった河川として知られるが、現在の地図にはその名が見られず幻の河川となっている。ただ、大谷川の左岸、所野付近に川へ大きく突き出た高台があり、この付近を「竹ヶ鼻」とか「竹の鼻」と呼んでいる。高台の杉木立の中には、「竹の鼻地蔵尊」や二十三夜塔・庚申塔が祀られる。この地蔵は、天明六年（一七八六）の洪水の後、水除け地蔵として粕尾（鹿沼市）の常楽寺から迎えられたといわれる。竹鼻川は、史料上、「川」の文字を落として「竹鼻」「竹の鼻」「竹鼻通」と記録されることがあり、また、「日光道中略記」・『日光道中分間延絵図　第五巻』の記述などからして、この高台付近の大谷川を指し

ていると考えられる。他に日光山周辺では、女峰山の南斜面より田母沢川や荒沢川が流れ大谷川に注いだ。田母沢川は、上流に羽黒滝や寂光滝を作り、原町の北で足尾に通じる田母沢橋を渡した。

稲荷川水難供養塔（日光市石屋町）

その他、日光領域には鬼怒川・行川《なめがわ》・大芦川・荒井川が流れる。鬼怒川は、古くより日光山神領の東の境とされ、江戸時代には筏流しや舟運によく利用された。行川は、日光市七里南部の赤倉山を水源として南東へ流れ、同市山久保内で荒井川を合わせて旧今市市に入り南流、小代で西から流れる長畑川を合わせ、小倉から鹿沼市に流れ、玉田付近で黒川に合流する。川幅が狭く急流であるため、筏流しや舟運には利用できなかったという。大芦川は、夕日岳・地蔵岳を水源として鹿沼市を南東に流れ、平行して流れる荒井川・南摩川を合わせ、南端で小倉《おぐら》川に合流する。

諸河川の水害史をみると、特に大谷川・稲荷川は、上流部の両岸が軟弱な火山岩であることもあって浸食が激しく、昔から大規模な崩壊・洪水を繰り返し、流域の諸坊や町家、あるいは田畑に被害をもたらした。天長四年（八二七）、日光山の有力者である道珍《どうちん》・教旻《きょうびん》・千如《せんにょ》らが、再三の稲荷川洪水による崩壊を憂慮して、新宮（現、二荒山神社本社）を小玉殿の東に遷座したという。しかし、それ以外には古代・中世の水害の記録は乏しい。これに対して近世の水害については、「晃山編年遺事」「日光山満願寺勝成就《しょうじょうじゅ》堂社建立記」「日光叢書社家御番所日記」など記録は多い。初期の水害では、天文年中（一五三二～一五五五）の大谷川・稲荷川の洪水が知られる。俗に「白鬚水《しろひげみず》」と呼ばれ、洪水の際に白鬚のような物体が水上を流れ下ったと伝える。寛文二年（一六六二）六月の稲荷川洪水は、多くの犠牲者を出した。

申《さる》刻（午後四時頃）、赤那木山（赤薙山）奥より出水して大洪水となり、皆成川町（稲荷川町）・表町・裏町十三丁、家数三百軒余、この時家・人馬夥しく流され、時の御目付田中三左

衛門殿の屋鋪は竜円坊の坂下にあったが、屋鋪は流されて、三左衛門殿の死骸は七里村の松原に見つかった

（「晃山編年遺事」『日光市史　史料編　上巻』）

御幸町《ごこう》（日光市）龍蔵寺の宇津野墓地にある「稲荷川水難供養塔」は、このときの溺死者の供養塔である。また、寛文七年七月の洪水では、御目付天野三郎兵衛（康玄）が、町家の者を避難させている最中、激流にのまれて行方不明となった。天和三年（一六八三）六月の洪水は、稲荷川から流れ出た大石が合流点で大谷川を堰き止めて水は神橋の上に溢れ、仮橋の高欄を押し流した。観妙坊・永観坊は軒下にまで水がかかり、下河原の出店も残らず押し流された。さらに八月にも洪水に見舞われた。貞享元年（一六八四）は珍しくも三月の洪水で、水は深沙《じんじゃ》王《おう》前に溢れ、新町・松原へも流れた。翌二年五月も洪水であった。同四年九月、同五年七月にも洪水が発生、神橋の袂に水がかかった。

日光地域の水害と治水の状況は、東照宮の社家が残した記録に詳しい（表2）。

表2　日光領の水害と治水

和暦	事項
貞享2年8・13	◆鉢石町の川除御普請御金二千両が江戸より届けられ、御歩行《おかち》目付両人が支配のため来晃する。◆御金の請取手形のため山口図書《ずしょ》・山口忠左衛門・野沢彦兵衛を遣し、御金が梶左兵衛殿に届けられる。◆鉢石町の川除《かわよけ》大普請が今日より始められる。
貞享2年10・20	◆御宮御普請並びに御殿・御本坊・鉢石の川除見分のため上使稲垣安芸守殿が未《ひつじ》下刻（午後三時頃）に到着する。宿坊の教城院より惣代の式部・隼人が見廻りに出る。公儀より御門主様へ大和柿一箱が進上され、安芸守殿が持参する。
貞享2年11・4	◆巳《み》上刻（午前九時頃）、御目付が出仕、山口図書がお供をし、星会七兵衛棟梁を連れ御天井の見分を始める。山口図書は川原御普請所へ参ると七兵衛方に断り申して退出する。見分の間提灯五つを用意する。役僧・神人・宮仕《みやじ》が役を勤める。◆鉢石の川除見分が済み、新規に掘った箇所へ水を流す。
貞享3年6・27	◆一昨日大谷川水除け普請が終わり、見廻のため梶左兵衛殿へ祝部（中丸氏）・式部（斎藤氏）・隼人（古橋氏）が参上し、面談して悦びあう。次いで山口図書殿へ廻り、野澤彦左衛門・山口忠左衛門へも見廻る。
貞享5年7・21	◆昨日より夜中風雨が甚だしく洪水となり、大谷川は増水して仮橋の上に水が乗越し材木等が流れる。下河原の永観坊・観妙坊の屋敷へ浸水し、同所の見世棚《みせだな》一軒を

元禄2年7・7

押し流す。いなり川もかなり出水する。

◆昨夜中より今朝まで大雨で大谷川が増水し、仮橋の上に水が五、六寸上がるが、橋に影響はない。出水見分に巳の后刻《ごこく》（午前一一時頃）、御神橋へ井伊掃部頭《かもんのかみ》殿・松平陸奥守殿・飛（鳶）の者が大勢出て、橋のかづら板など橋板が流れない様に置く。御目付・左兵衛殿・喜左衛門殿・長兵衛殿・御被官も出勤する。いなり川も水が相当増水したが、町々に変わりはない。

元禄4年8・1

◆同役中梶左兵衛殿へ「河原御普請を永々御差図され、昨日の見廻りで満足されたのでは」と申し上げに参上する。御普請所へも出かけ申すべきところ、御用に支障があってはとあえて控えていたことを申すため出かけると、途中まで御礼の使いがやってきた。

元禄11年7・27

◆昨夜より大雨となり、大谷川・いなり川の水が増水するが、風もなく辰の刻（午前八時頃）には雨もやむ。

元禄12年7・1

◆昨日より大雨が降り、あちこちの川が増水する。特に大谷川・いなり川が増水する。そのため下川原の出見世五軒は残らず流される。深教坊・勝泉坊の寺まで水が上がり、残っている橋等も危うく見え、鉢石へも少々水が上がったが支障はない。その外ではあちこちの橋が残らず落ちる。

元禄12年7・2

◆斎司（猿橋氏）代の中丸（中麿）修理《しゅり》は、玉澤川（田母沢《たもざわ》）橋が落ちたため出番が出来ない。

元禄12年8・16
◆今度の川原普請のため、御奉行として鈴木兵九郎殿・甲斐庄喜右衛門殿が今日到着する。そのため社家中より明日お見舞に行く相談をする。

元禄12年8・18
◆（略）同日雨のため大谷川は洪水となり出見世《でみせ》は残らず流出する。昨年修繕した服道はまたもや川瀬になり、正泉坊・深教坊の寺は水中に沈んだ。しかし、神橋・仮橋に変わりはない。

元禄12年10・4
◆鈴木兵九郎殿・甲斐庄喜右衛門殿は今度の川原御普請が首尾よく済み、近日御帰りになるので、お暇乞《いとまごい》に仲間中、裏付上下《かみしも》姿で非番の者が参上する。

宝永1年6・29
◆一昨日より風雨にて大谷川・稲荷川・頼母澤（田母沢）川が増水し、小橋があちこちで落ちる。右川筋見分のため稲葉河内守殿が二度御出になり、御殿番四人も子ども連れで出る。照尊院前の番所が流出する。

宝永1年6・30
◆仮橋が流れる。常音坊・妙珍坊の寺地の岸が崩れ落ちる。向かいの大谷川が岸へ付き当たったためである。

宝永1年7・1
◆七里《しちり》村の畑が押し流される。

宝永1年7・8
◆川除御普請御奉行を稲葉河内守殿へ仰せ付けられる。下奉行《しもぶぎょう》は御殿番衆《ごてんばんしゅう》四人へ仰せ付けられ、昨日御奉書が参る。よって河内守殿より社家中は明日勝手次第にお見廻りするよう触状を出す。衆中に参られるよう承り、かくのごとし。

宝永1年7・9
◆社家中、今明日の内に羽織・袴で参上し、御奉行へ「今度の川除奉行仰せ付けられ、大儀ながら結構なことでした」と申し上げる。

宝永1年8・15　◆今日より川原御普請始まる。

宝永1年10・17　◆今朝稲葉河内守殿・山口図書殿が別所へ料理を頂戴に参る。論議答えには川除御普請のため御奉行衆も目代衆も出席せず。

正徳3年7・5　◆長崎伊豆守殿が川筋見分に出て大楽院へ立ち寄る。羽織のため御仮殿へは上れず。◆今夜中洪水にて御手伝方の取り掛り仮橋が流出する。

正徳4年7・9　◆大雨で夜中迄洪水となる。

享保2年8・1　◆終日強雨、大谷川・稲荷川等増水する。

享保2年8・16　◆大谷川・稲荷川等満水となる。

享保5年5・18　◆天野丹後守殿が川原御普請を仰せつけられる。

享保5年6・12　◆今度筧《かけい》新太郎殿が川除御普請御用に遣わされたが、御目付兼務で川原御用ばかりではなく、それぞれ役所が申合わせて念入りに勤め、不断から高声はもちろん喧嘩口論等のないよう心得るよう、支配家来等までよく申し付ける。◆筧新太郎殿が今度差し遣わされ、日光にて諸事念入りに務めるよう申し付けること、牧野稲葉守殿より両執当《りょうしつとう》へ申し渡し、左様心得るよう奉行衆から書付を渡すため、近日上野より参られる。山中の諸役人・御門主《ごもんす》御家来まで申し付けるためである。◆山口権六が今度川除御普請見習を仰せ付けられる。

享保5年6・13 ◆天野丹後守殿が今日川除御普請場を見分する。

享保5年6・16 ◆昨日より川除御普請に取りかかる。

享保5年9・4 ◆竹鼻・稲荷川の御普請は今日すべて終了し、御奉行丹後守殿が別所へ出座する。

享保5年9・6 ◆天野丹後守殿へ御普請が首尾好く済み御祝儀に名々見舞い申す。裏付上下にて参る。

享保6年閏7・20 ◆今日未明よりの強雨につき大谷川がまた洪水となり、妙珍坊・常音坊・円観坊の寺地の五段石垣を突き破って地形が崩れ、寺の床下まで浸水する。稲荷川も増水して円浄坊の寺地が崩れるが別条なく、危いところであった。◆天狗堂の岩組が落ちて御用水を止める。◆今日洪水につき奉行衆は河筋見分のため大楽院まで伺いに出る。

享保6年閏7・21 ◆昨日大谷川が増水し所野村へ水が入り百姓家など九軒が流出する。その内に神人清衛門・四郎兵衛・吉衛門・市衛門の家があり、その外同村神人《じにん》の畑も大方過半が永荒の川欠になる。

享保8年8・10 ◆大谷川の洪水は照尊院前の番所を流出させ、仮橋下の水が一間ほど上って橋へ届く。◆稲荷川の洪水は大谷川より水かさが少ない。◆瀧尾の滝水が増水し、不動堂・山王の間の石橋を押し落す。それより筋違橋《すじかいばし》の方へ道を押し流し、暫く通路を止める。当別所裏のほか御用水道が壊れ、円乗坊・養源院の裏へ水が流れて書院の庭にまで浸水し、照尊院の寺地へ水が突き掛り、内の権現の社・表門を残らず押し流し、表門下の塀門も打かへし、長屋・裏門ともに破損し、正泉坊の寺地は当分水中となった。神橋上の服路は上の岩本より押し崩れ、長坂の方まで少し浸水する。◆玉澤（田母沢）橋が落ちて、暮前に御堂当番の忠衛門が使に来て立ち寄る。手前弁当を持たないとのこと。

享保8年 8・11

◆巳刻、御奉行が出仕する。斎司（申橋氏）との話しによれば、昨日の大嵐で両川が洪水となったが御宮全体には別条なくよろこばしい。諸所の川辺は破損し、玉澤川も今川岸が崩壊して権六に指示して人足等で先ず防ぐように命ず。あれこれ見廻りすると、幸いにも御神輿堂は隼人（古橋）が封印を開き置いたため内部を拝見でき、それから退去する。この節、萩原彦八郎殿が窺いに参上する。◆午上刻（午前一一時頃）、古橋隼人が参る。玉澤川は今通行できず、昨夕は同役中も御安全が心配で隼人宅に来られたが、橋が落ちたため仕方なく帰られた。川ぎわの御番も心配していたところ、人足が大勢出て木を一本渡してくれ人足の介添えで渡ることができた。それより御安全を相談し、両人相談して隼人が惣代となり御本坊並びに御奉行へ御安否伺いに参上する。昨日川通の各所で変事があったが、御山は御安全である。

享保8年 8・13

◆御宮御安全。巳中刻（午前一〇時頃）駒井但馬守《たじまのかみ》殿が出仕する。主膳《しゅぜん》が出会い、此の間の風雨で皆の通路である橋が落ちて不自となる。しかし、往還であるから追いつき橋も掛かろうとの咄である。◆当十一日まで洪水のため御神領の内大滝村という所では家十六軒が流出した。大渡村では家二軒が流出、そのほか田畑・山・屋敷の破損は所々に見られる。◆中禅寺の御社も破損し、湯本も洪水のため湯小屋に浸水した。◆宇都宮領の内藤原《ふじはら》と申す所では町家が残らず流され、人十人・馬四疋が流れ死んだ。宇都宮領の内高三万石程が水損《すいそん》となった。◆いかり（五十里）川は、四十一年以前に川崩れが起きて、長三里余り幅半道余りの海（湖水）になった所、この度おおかた水ぬけして川筋の所々を損壊させた。

享保8年8・16

◆堯心坊《ぎょうしんぼう》は先頃荒湯《あらゆ》（那須塩原市）へ出かけたところ、雨が強く川の増水が心配になり、九日に雨の中を出立、はや段々に増水して所々の川渡しは難しくなり、道中七日をかけて漸く今日帰着する。宇都宮領内の川辺は大分が洪水で、人馬の流死はその数を知らず、初日喜連川へ廻り二夜泊まり、その後石かみ村（石上村）に二夜、氏家町に一夜、板戸村に一夜泊まり、板戸では簗の上へ上がって夜を明かしたとの咄である。

享保12年4・19

◆辰中刻（午前八時頃）山口新左衛門が来る。今朝、御仮橋御普請の褒美を拝領し、感謝とのこと。

享保13年8・5

◆昨夜大洪水。

享保13年8・13

◆夜中より雨強く、玉澤川の歩橋が落ちて不通となったため織部《おりべ》（古嶋氏）が出勤する。

享保13年8・14

◆古嶋織部方への久志羅（久次良）の斎司（猿橋氏）・主膳（江端氏）・大学（斎藤氏）・修理（中丸氏）連署の手紙によれば、玉澤川の増水はまだ引かず、今日の往来は漸

	くにできた。今日の雨が強く夜中まで止まなければ、またまた増水して明朝出勤することは難しいと、御本坊へ届け置き願いたい。（略）
享保15年8・30	◆昨夜中より風雨烈しくなり、益々御安全に。稲荷川・大谷川・玉澤川は洪水で、玉澤橋・仮橋・本橋（神橋）の橋が共に流れ落ち、このため御番替えはない。
享保15年9・1	◆同刻、学頭・衆徒中の大般若経読。同刻、古嶋織部・楽人《がくにん》中の出仕は、玉澤橋が流れ落ちたため同役中出仕はない。このことを大楽院・備後守殿に申し述べる。
享保15年9・2	◆玉澤（田母沢）の水が少々落ちて、出水御番替の大膳《だいぜん》（古橋氏）・大学（斎藤氏）も窺いに訪れ、旁々今日出勤する。◆御霊屋方の御掃除を廿九日・晦日に神人に加役のはずであったが、道筋の川々が増水して通行できず今日二〇人の出勤となる。
元文1年7・6	◆申下刻、稲荷川が増水する。半時程で水は引く。
寛保2年8・2	◆晦日より雨が強く大水で所々の橋が落ち、玉澤橋も落ちる。
延享5年6・5	◆午半刻、稲生備中守殿出仕する。金吾が出会い、川々の大水について話す。滝尾河原にこの程出来た水防石垣も過半が崩れる知らせあり。
宝暦7年6・28	◆巳刻、御本院より呼出があり、すぐに参上すると、修学院・大楽院・龍光院・衆徒《しゅと》役者二人・目代《もくだい》・社家役者が集まり日増院が話をする。去月初めの出水時に御神領の内水押（出水）箇所を目代方で見分吟味し、村数三十ヶ村余の当作荒《とうさくあれ》（作物被害）が五百石余、水荒《みずあれ》が百十四石余との書付が差し出された。これにより右

の石高実取《みどり》（年貢）はなくし、水荒は替地《かえち》とし、当作荒は金子で下付されるよう目代方より願い上げる相談をする。

明和3年7・28　◆今朝より大雨、時々風が吹く。申刻限（午後四時頃）より止む。御宮中御安全。川々はかなり出水する。

明和8年7・20　◆仮橋御普請の今日取り付けを山口忠兵衛が掛かりを仰せ付けられる。

明和8年11・10　◆仮橋造りが終了し、奉行衆ならびに日光役人衆が見分する。

安永2年7・12　◆昨日大雨で川々が出水し橋が流出する。所野神人が御番替で午《うま》刻過ぎに追々出仕する。

安永4年7・24　◆御宮御安全。川々出水する。

安永6年6・5　◆巳刻過、菅沼主膳正殿が御宮に来て弾正（古橋氏）に会い、この間の強雨で何方《いずかた》にも被害がなかったか尋ねられ、御宮中御安全を申し述べると、恐悦とのご挨拶であった。川々は出水防止で当朔日より通行不能との注進あり。そのため同役朔日御暇のこと今もって申し来たらずと話される。今朝は御使ありがたい。御同役中へ宜しくと申し聞かさる。

天明1年7・1　◆同刻天野山城守殿・山口新左衛門・窪田喜内はいつもどおり出仕。但し、奉行衆は今日川除出来栄えの見分で拝礼のあと直ぐに退席、目代も同様、明番出会う。

天明3年2・21　◆御膳過ぎ、今度の大谷川筋川除見分として御普請役両人・菊地大次郎内々に拝礼

	する。御膳仕立所にて神酒頂戴、金打所にて拝礼する。十願（観）房・修理が出会い、両人の願いにより御石の間・御着座の間の拝見を許可する。
天明3年6・19	◆諸所の川が増水し石垣が崩れる。右増水につき番替の神人瀬尾三人・小百一人は漸く水が少し引いてから出勤、八つ過ぎ（午前二時頃）に交替する。ただ、小百神人は特に川が深くて来られず、今朝までの当番は取止めとなる。
天明4年2・9	◆深川の渡部与惣四郎外一人が階下で内々に拝礼する。御膳所《ごぜんどころ》にて神酒を頂戴する。これは御神領の内川除御普請があり見分のためとのこと。
天明4年9・25	◆御膳の後御普請役三人階下において拝礼する。十願（観）房・修理が出会う。御膳仕立所にて神酒頂戴。次いで御石の間・御着座の間の拝見願いがあり、すぐに申し付けて許可する。これは御神領の内川除御普請場所見分のため来られたとのこと。
天明6年7・16	◆一昨十三日よりの大雨による洪水箇所、今朝特に玉沢川（田母沢）・大谷川洪水となり、向河原橋・玉沢橋両所とも四つ時（午前四時）頃に落ちる。大蔵《おおくら》（古橋氏）は明番《あけばん》であるが玉沢橋が落ちて帰れず御番のため明朝も出仕する。中麿左京は入町《いりまち》辺へ出て玉沢橋が落ちて近家に留まり窺いに来られる。
天明6年7・20	◆今日七里村の畑・街道へ大谷川が押し出す（出水）。
天明6年9・6	◆去る三日水損につき立会いをするよう、二日に目代所より申して来たので、三日四つ時（午前一〇時頃）に両別当・一山《いっさん》役者・実教院・桜本院・江畑大膳が出席する。

	御留守居の日増院は昨日仰せ付けられたが取り込みがあって来られず。
天明7年6・13	◆諸所川々の水がかなり出て洪水となる。
天明8年9・11	◆仮橋御修復を仰せ付けられ、日光奉行衆掛りの山口新左衛門が御用を命ぜられる。江戸表より御普請役両人が立会いのため来晃する。
寛政4年7・13	◆大谷川・稲荷川洪水となる。
寛政5年7・8	◆昨夜より大雨にて洪水。玉沢橋が落ちかかり危険なため昼頃に上野介《こうずけのすけ》が出番し、その前に替りの備後介も参上する。
寛政8年6・17	◆一昨夜より雨で所々の橋は洪水のため落ちる。
寛政9年7・23	◆大谷川・稲荷川洪水となる。
享和2年11・25	◆御留守居より来翰、左の通り。当六月中の大風雨出水にて田畑川間（欠）・山崩・石砂入り等となった場所の御年貢引を明神村・長畑村・鉢石町・足尾村の唐風呂《からぶろ》右五（四）ヶ村の者から願い出につき、見分・吟味の上、年貢引きとなるべき分は、本途《ほんと》・口永《こうえい》とも合せて永一貫百九十文余、内、本途永の分は御修理料の内にて引き、口永は御役所入用としてきたが、右の内減らし方の仕方を伺うと、伺いの通り取り計らい、早速にも起き返す場所、その外なお吟味して手入れするよう、松平伊豆守殿より仰せあり。右の趣、村々を呼び出し申し渡すと奉行所より申して来たので、この段心得るよう申し達す。

嘉永2年7・12	◆打ち続く大雨で水がかなり出る。◆出水のため所野橋・稲荷川橋が流れ落ち、神人三人の交代はない。
安政5年7・28	◆大谷・稲荷の川々が増水し、所野神人の御番替りは来られず。
安政6年7・25	◆追々風雨が強くなり、洪水で諸々の橋々が落ちる。下河原の御馬屋《おんうまや》も危く、照尊院前通りは崩壊して往来が留まる。
文久2年7・26	◆去る廿三日夕刻より大雨降り出し、今朝まで間断なく降り、大谷川・稲荷川等が出水する。
慶応2年7・2	◆昨日より大雨が続き、昨夜よりとりわけ大雨・大嵐になる。今朝も同じく大水となる。
慶応2年8・9	◆昨日風雨のため大谷川大洪水、七里裏の百間《ひゃっけん》石垣が崩壊する。
明治1年7・19	◆昨昼より大雨、少しも止まず、大谷川・稲荷川が出水する。

(『日光叢書社家御番所日記』より作成)

出水・洪水の時期は、六月から八月（陰暦）にかけて、河川としては、稲荷川・大谷川・田母沢川があげられる。被害の状況は、①神橋・仮橋ほか小橋の浸水・流出　②永観坊・観妙坊・正泉坊・深教坊・妙珍坊・常音坊など諸坊への浸水・流出　③下河原の出店の流出　④七里・所野付近の畑への被害などで、日光山や幕府は、特に神橋・仮橋への影響に神経をとがらせた。田母沢橋や大谷川の橋の流出は、周辺に住む社家や神人の勤番の通行を妨げた。出水時の対応者は、梶左兵衛（定良）・日光目代・日光奉行らである。梶左兵衛（一六一二～九八）は大猷院定番《じょうばん》となり徳川家光廟を守る一方、日光山の支配にも深く関わった。その梶が亡くなり日光奉行が設置された。日光目代の山口氏は七代にわたり目代をつとめ（通称忠兵衛）、日光山御宮御用や日光在町および日光領の支配を担当した。鬼怒川の水害では、享保八年（一七二三）八月一〇日の五十里洪水を同月一三日に記録し、その三日後には被害地を見て来た堯心坊の話を書き留めている。

二　川除普請の展開

川除普請の形態と普請組合

江戸時代、河川の氾濫を防ぐために堤防の強化や川底の浚渫など治水工事が行われたが、この工事を川除普請といい、工事箇所を普請所と呼んだ。

表3　日光領周辺の普請所

村名	普請所の概況
北小倉村	◆川除御普請所あり（Ⅳ）◆特に行川通りは出水で度々水損等起こる（Ⅳ）
南小倉村	◆川除御普請所あり（Ⅳ）◆特に行川通りは出水で度々水損等起こる（Ⅳ）
小代村	◆行川通りは出水で度々水損等起こる（Ⅳ）
瀬尾村	◆当村は大谷川附の水損場であるので川除御普請所あり（Ⅳ）（Ⅴ）
沢又村	◆組合自普請。高瀬川は幅三間程の砂川、大室村・矢野口村・薄井沢村の沢々が落合う川にて出水の時は普請場となる（Ⅳ）◆御普請所なし（Ⅴ）◆清水川通りに自普請所あり（Ⅴ）

町谷村	◆字とつはなに大谷川の橋場あり。町谷村一村で架橋するが大水の時は難義した（Ⅳ）◆大谷川通の川除御普請所である（Ⅳ）◆大谷川橋場、この橋は町谷村内関の沢村で架橋した。大水の時は難義した。大谷川通りの川除御普請所である（Ⅴ）◆大渡村・町谷村地境、（中略）それより西の戸鼻《とつはな》は古へ御普請所で松林が東角へ見通せた（Ⅴ）
所野村	◆川除御普請所あり。竹の鼻下にあり、出水の時は見分の上御入用にて御普請がなされた場所。
引田村	◆字大芦川は川幅三十間程の石川で歩行で渡る。竹木を筏で川下げする。川欠の時は川除御普請所となる。
小林村	◆川除四ヶ所。一ヶ所は長一〇四間、一ヶ所は長六〇間、一ヶ所は長三〇間、一ヶ所は長六〇間なり。右四ヶ所は鬼怒川通り、享保十七年幸田善太夫様掛りにて諸色御入用をもって御普請が行われた。その後川瀬は順流していたが、天明六年大水にて御普請所は残らず大破したため同年お願い申したところ、御見分の上、御手伝御普請を仰せ付けられた。御勘定永田藤助様、御普請役早川善蔵様・石川善助様掛りにて御普請が行われ、今にいたっている（Ⅴ）

（『いまいち市史　史料編　近世Ⅳ』、『同　史料編　近世Ⅴ』等から作成）

表3は、日光領の村々の村明細帳から川除普請の記述を整理したものである（小林村は日光領外で相給村）。普請所は、「川除御普請所」「川通御普請所」といった「御普請所」と、「組合自普請所」のような「自普請所」の二つの形態が確認される。御普請所のある河川は、行川・大谷川・竹鼻川・大芦川・鬼怒川があげられ、それぞれを北小倉村・南小倉村、瀬尾村・町谷村、所野村、引田村、小林村が普請にあたった。自普請所の河川は、高瀬川と清水川の二川で、沢又村は清水川を一村で、高瀬川を沢又・大室・矢野口・薄井沢の四か村組合で普請を行った。

ただ、表3は、明細帳の残された村の川除普請の状況にすぎず、日光領全体をとらえたものではない。日光領全体については、慶応年間の「日光山森羅《しんら》録」（『日光叢書社家御番所日記　21巻』）が参考になる。天明五年（一七八五）、日光領の河川の内、大谷川通り・大芦川通り・行川通りに「日光御領川々御普請所」が指定され、流域の村々は、組合を編成して水害発生時に復旧に当たることになった。大谷川通りには、瀬川・七里・野口・所野四か村組合と瀬尾・川室新田・倉ヶ崎三か村組合の二組合がつくられた。大芦川通りは、引田村が単独で普請に当たった。行川通りは、北小倉村・南小倉村組合の一組合で担当した。その後、同七年には、荒井川通りが御普請所に追加指定され、上久我村・下久我村組合がつくられた。さらに享和二年（一八〇二）、行川通りに明神村・小代村組合が、安政四年（一八五七）、大谷川通り（細尾村の内、馬返）に町谷村・針貝村組合が編成された。稲荷川通りについては、いつ御普請所となったかは不明であるが、鉢石町・稲荷町など山内周辺の村々が普請を担当した。表3は、ほぼ「日光御領川々御普請所」を反映したものといえる。

「日光御領川々御普請所」は、幕府や領主が、人足扶持米《ふちまい》や資材を提供して川除普請を施行する「御普請所」であった。大谷貞夫氏は「享保期の治水政策」（『関東近世史研究』10号）の中で、川除普請の形態を費用負担の面から、①公儀普請＝幕府が幕領・藩領・旗本領を問わず自ら支出によって行うもの ②領主普請＝幕府は幕領に、藩は藩領に、旗本は旗本領にと、それぞれ自ら支出して行うもの ③大名手伝《てつだい》普請＝幕府が特定の大名に命じ、幕領・藩領・旗本領を問わず行うもの ④国役《くにやく》普請＝幕府が、二〇万石以下幕領・藩領・旗本領の普請を行い、その全支出の八、九割を特定の国々から取り立てたもの ⑤自普請＝農民の自力で行うもの、の五つに整理している。すなわち自普請に対して、御普請を①～④に区別したのである。以下、この分類を参考にしながら、日光領の川除普請について、その展開と特質を考える。

公儀普請と領主普請

近世の日光山は、日光領とか日光神領と呼ばれる所領をもち、かつ、日光領民と日光山諸給人と称する祭祀集団を有したが、これらを支配したのが日光山貫主の輪王寺宮であった。

表4 日光領の川除普請

和暦	事項
万治1年	◆2・16 新番頭《しんばんがしら》駒井右京親昌が日光山の巡察を命ぜられる。これはこの13日、かの地大風にて各所破損の報告があったためである。
万治2年	◆7・28 先の大風にて日光山御宮・神橋その他各所が破損して修理の助役を奥平美作守《みまさかかみ》忠昌に命ぜらる。
万治3年	◆8・2 日光山より先月28日夜暴雨にて山中洪水となり、各所の石垣が破損したと報告あり。
寛文2年	◆6・15 日光山はこの8日より13日までの大風雨により、山水押し出して石垣を崩壊し、目付小屋を押し倒し、目付代である使番《つかいばん》田中三左衛門高成と同心一〇人が溺死し、寺一宇で九人、山麓の市中では一四〇余人が圧死したと報告あり。◆6・16 永井伊賀守尚庸が日光山に遣はされ、洪水のさまを巡察する。◆6・19 永井日向守尚庸が日光山より帰り謁見する。◆6・20 日光山稲荷川辺の人々に米を施行する。このたびの水害のためである。

天和3年	◆6・27 日光山よりこの25日山中洪水の報告あり。◆6・29 目付戸田又兵衛直武、日光山洪水により巡察を命ぜらる。
貞享1年	◆3・朔 寄合横山内記《ないき》知清・石川蔵人《くろうど》貞代が日光の川浚利《しゅんり》を命ぜられ暇を給う。
元禄12年	◆8・9 普請奉行甲斐庄喜右衛門正水・目付鈴木兵九郎重視が日光川筋修築を命ぜられ暇を給う。
宝永1年	◆12・28 稲葉河内守正能が日光川々浚利の成功により金一〇枚・時服一〇・羽織を給う。
享保5年	◆5・21 使番筧新太郎正尹が日光山付近の河渠浚利を命ぜられ暇を給う。◆9・19 使番筧新太郎正尹が下野国日光竹の鼻堤防のことが終了して帰り謁見する。これを担当した日光奉行天野丹後守昌孚ならびに筧新太郎正尹へ金五枚を褒美に与える。
寛延1年	◆6・8 この6月日光山の疾風暴風雨により使番大久保喜六郎忠周を派遣する。
宝暦7年	◆12・29 また命令し、日光山御神領のうち、この度の水害にて穀物を損失した地域には補償として金一八〇両を下付する。かつ荒廃した場所は転地するので春に査検（調査）して伺うよう日光山の執当に命じる。
安永1年	◆4・15 作事奉行新庄能登守直宥・目付桑原善兵衛盛員が日光山神橋修理を命ぜられ赴任したが、今日竣工を告げて帰り謁見する。

（『徳川実紀』から作成）

しかし、日光山を最大の聖地とする幕府は、その経営・維持のため、当初から積極的に財政等の支援を行っていた。その結果、日光領から上がる年貢は、主に日光山経営の通常の経費に充てられ、日光山諸給人の救済や堂舎の建築・修復、あるいは治水・土木といった多額の経費を伴うものは幕府が負担した。したがって日光山が自らの支出で行う領主普請は小規模なものに限り、大規模な普請は幕府による公儀普請となった。関東地方の公儀普請は、宝暦七年（一七五七）・寛政三年（一七九一）・天保八年（一八三七）・同一二年の四回のみでその事例は少なく、特別の普請であったという（大谷貞夫『近世日本治水史の研究』）。しかし、日光山周辺並びに日光領を流れる河川の川除普請は、幕府聖地の維持という点から正に特別の普請となり、恒常的に公儀普請がなされた。

天和三年（一六八三）、日光山は六月、続いて八月にも洪水に見舞われた。八月一八日、幕府は、川筋見分のため横山知清（内記）・石川貞代（蔵人）・御被官谷田清三郎を日光山に派遣し、翌年三月、横山知清・石川蔵人に「日光の川浚利」を命じた。この年は三月にも洪水があり、町家にも被害が発生した。同月、再び横山内記・石川蔵人が川筋御普請奉行として日光山に来て普請にあたった。このように幕府は、日光山に水害が発生すると、寄合や目付・使番《つかいばん》・勘定・普請奉行といった諸役人を派遣し、多額の費用を支出して普請を行った。

ただ、こうした普請では、日光山霊廟定番の梶左兵衛や日光目付・日光目代山口氏、さらには日光奉行といった日光山の地方組織が直接あるいは間接的に関わっていたことはいうまでもない。貞享二年（一六八五）五月、日光山に洪水が発生し、幕府は、川除普請金二千両を支出、普請金は、日光目代山口氏を経て梶左兵衛に渡された。翌年六月、普請の完了を見て、梶や山口らが見分に出ている。この時、梶は川除普請奉行を命ぜられていたと思われる。八月にも、梶が川除御普請奉行となり、添《そえ》奉行の山口信隆（図書）や御殿番野沢彦兵衛・山口忠左右衛門らを指揮して、栗木淵から稲荷川落合までを掘削した。梶は、元禄二年（一六八九）や同四年の普請にも関与していた。いわゆる日光山の諸法令には、治水についての具体的な規定が見当たらないが、梶は、御神宝・御堂宝物の改曝《かいばく》や御宮・御堂の破損修復・条目違反者の監察のほか治水も担当していたのである（表2）。こうした点が、梶を「日光奉行の濫《らん》觴《しょう》」とする所以であるが、元禄一一年（一六九八）、梶は死去する。同一三年（一七〇〇）、幕府は、日光目付を廃し日光奉行を設置して日光山への関与を強化した。それは川除普請にも表れ、宝永期（一七〇四～一一）以降は、稲葉正能（河内守）・長崎元仲（伊豆守）・天野昌孚（丹後守）など日光奉行が普請を担当することが多くなった。そうした職務も関連してか、歴代の日光奉行には、幕府の建築・土木工事を司る作事奉行・小普請奉行・普請奉行の、いわゆる下《しも》三奉行や小普請組支配として転出する者が少なくなかった。なお、享保二一年（一七三六）、幕府は、老中から日光奉行加藤納泰（甲斐守）・蜂屋貞廷（豊後守）に充てた下知書に「川筋の儀、常々心を附け、小破の時分修理加え、水筋能き様に申し付くべき事」という一条を入れ、日光奉行に対して治水の心得を明確にしている。

しかし、日光山の諸堂舎の修理に加えて川除普請による財政支出は、幕府の負担をさらに大きくした。その対策の一つとして採用されたのが国役普請である。

大名手伝普請

大名課役《かやく》の一つに御手伝普請があった。幕府が行うべき各種の普請を大名に「御手伝」させるもので、城郭・河川・社寺・御所などが対象となった。日光領では、東照宮・大猷院・本坊等の社寺造営や修理にこの仕法がしばしば採用された。ところで大名御手伝による川除普請は、元禄末にはじまって宝永・正徳年間（一七一一〜一六）に増加したが、享保期に中断、寛保期以降に再び頻繁に行われるようになったという。関東の諸河川に限れば、寛保二（一七四二）・明和四（一七六七）・安永四（一七七五）・天明六（一七八六）・寛政六（一七九四）・享和三（一八〇三）・文化六（一八〇九）・文政六（一八二三）・同一二（一八二九）・弘化四（一八四七）の各年に川浚い・河川修理・堤防修築といった内容の川除普請が大名手伝いで行われた（善積美恵子「手伝普請について」『学習院大学文学部研究年報 14輯』）。しかし、日光領の河川の普請の場合、「日光」を明記することが多く、この関東諸河川の普請の中には日光領の河川は含まれていなかったと考える。

日光領諸河川についての大名手伝普請の記録は見あたらない。唯一、『日光山志』が、元禄以前の大名手伝普請に川除普請があったと記録する。寛永一七年（一六四〇）、日光山内の在家を山外へ移すなどして町割が行われ、日光東西町が成立した。この際、大名手伝普請があり、付随して大谷川の瀬替《せがえ》工事が行われたという。

又里老《りろう》が話れるを聞くに、上鉢石坂うへは、もと星宮の山上より続きたる山なるを坂口より下馬迄、山の中を悉く切り平げられて、中段に造れる町並なり。今、中鉢石といへる所の北裏は、町家の際迄押し寄せて、大谷川の水瀬にありしゆゑ、町幅至て狭し。その河瀬を、山腹を開きし土石を以て塡《うず》められ、河瀬を小倉山の麓寄へ疏鑿《そさく》しけるゆゑ、今は川瀬北岸へ接附し、中・下鉢石迄の北裏道、平坦の通路とはなれる由、されどももとより河原跡ゆゑ、大石多く路傍にまろべり。此の御手伝の成功は、仙台侯へ命ぜられ

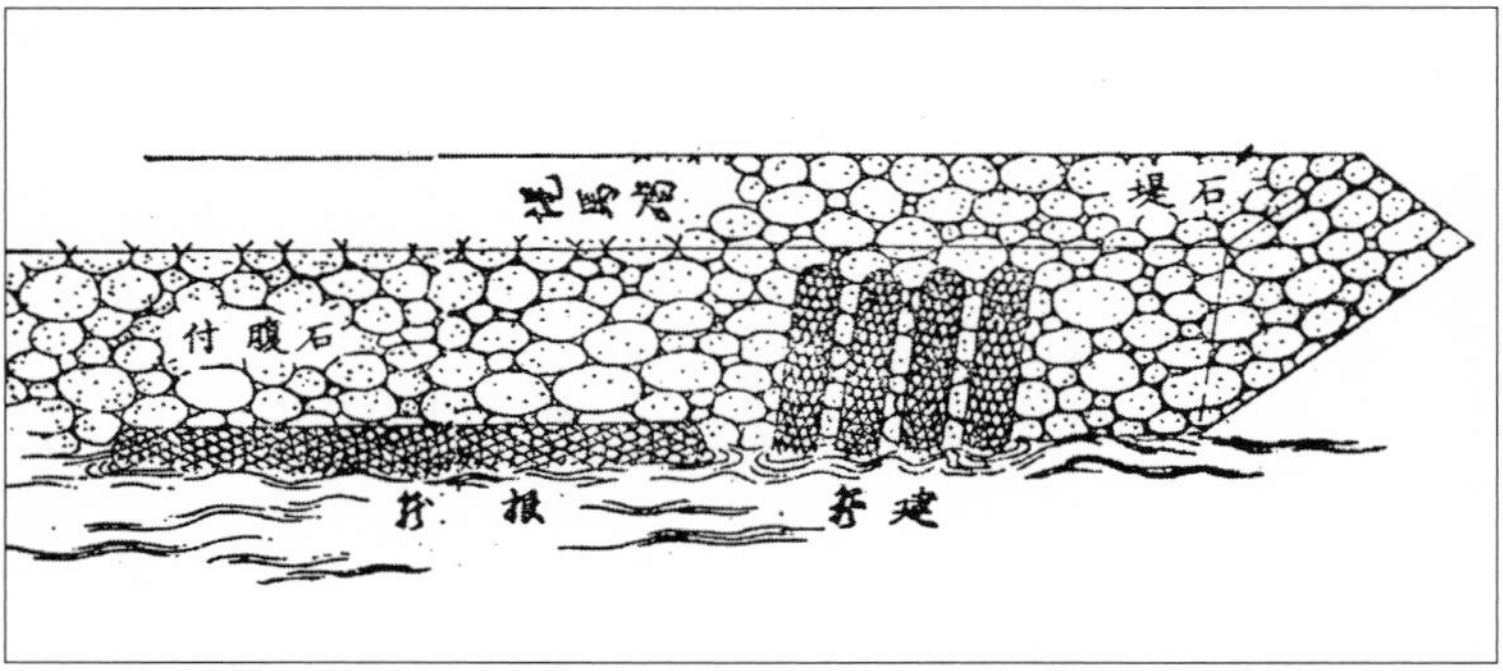

石腹付と堤腹付（『算法地方大成』）

ける由。其功業また少なからず。

（植田孟縉『日光山志』）

記事の内容は、伊達家の御手伝普請を伝えるものである。しかし、伊達家の御手伝普請といえば、元禄元年（一六八八）の伊達綱村による東照宮諸堂舎の修理と正徳元年（一七一一）の伊達吉村の東照宮修理の二度であり、寛永期の御手伝普請は知られていない。ただ、綱村・吉村の普請の際、人足たちは、大谷川の河原近くに作った小屋に住み普請を行ったという。『日光山志』の記述は、寛永期の普請と後の伊達家の普請とを混乱して伝えているかもしれない。また、伊達家ではないにしても他の大名による瀬替工事がなされた可能性も否定できない。

大名手伝普請の例は、日光山周辺の河川よりも鬼怒川

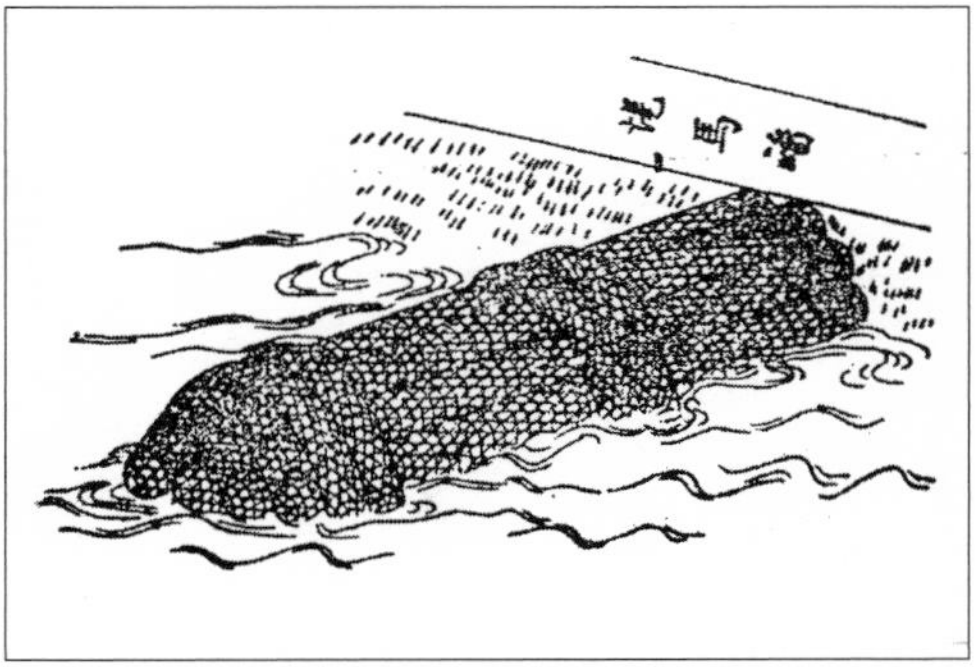

籠出と堤馬踏（『算法地方大成』）

通りで確認できる。表3によれば、享保一七年（一七三二）、勘定奉行の支配の下、川通掛幸田善太夫（高成）が鬼怒川通りの小林村で川除御普請を行った。しかし、その普請箇所も天明六年（一七八六）の大水で損壊してしまい、御普請願いを受けて、幕府は大名手伝普請を命じたという。その大名の名はわからない。しかもこの普請は、大名が直接普請を担当したり労働力や資材を提供する形のものではなく、工事費のみを幕府に納める「お金手伝普請」であった。実際の普請は、勘定永田藤助、御普請役早川善蔵・石川善助といった幕府役人が担当しているのである。小林村から早川善蔵あてに出された届けによれば、普請は同七年に行われ、石積腹付《いしづみはらづけ》（崩壊箇所の斜面に石を長く積み立てる護岸工事）・上置《うわおき》（古い堤防の馬踏の上に盛る土、笠置）は一〇〇間（約一八〇メートル）余、石積は一〇〇間余、七月までに完成させるというものであった（日光市　手塚芳昭家文書）。この堤塘であろうか、明治初期の記録には次のようにある。

村の北の方字《あざ》水神原にあり、石堤《いしづつみ》、鬼怒川に沿ひ東の方に向ひ、七町二十間にして字春ケ島に達す、村の北方にあり、石堤にして高三尺、堤敷《ていしき》六尺、馬踏《ばふみ》四尺、悉く民費

（「地誌編輯材料取調書　河内郡小林村」『いまいち市史　史料編　近現代Ⅰ』）

国役普請

日光領の治水仕法で特筆すべきは、国役普請であろう。享保期、幕府は、財政窮乏から全国的な治水政策の見直しを迫られていた。こうした時期に発せられたのが、享保五年（一七二〇）五月の国役普請令である。

覚

諸国堤川除或いは旱損所《かんそんしょ》等普請の儀、一国一円又は二十万石以上の面々は、只今迄の通りたるべく候、其の以下自普請成り難く打ち捨て置き候ては、亡所に成るべき程の儀にて、其の領主にも及び難き大き成る普請に候はゞ、其の所御料・私領の差別無く割にて出来《しゅつたい》、尤も公儀よりも右入用加えらるにてこれ有るべく候間、自分普請成り難き節は、

其の段申し出らるべく候、委細御勘定奉行へ承け合い申さるべく候、但し、二十万石以上にても、高の内、国を隔て小分の領知はなれ候場所は、二十万石以下同前たるべく候

（『徳川禁令考　前集第四』）

領主が自力で行ってきた支配領域の河川普請を、一国一円を支配する国持大名や二〇万石以上の大名はこれまでどおり自普請を行わせるが、それ以下の領主は、その領主の力に及ばぬ大きな普請については、幕領・私領であろうと差別なく国役割合にて普請を行い、幕府も費用を出すというものであった。この国役普請は、以後、恒常的に施行され、一時中断の時期もあったが、幕末まで制度として継続した。ただし、この制度は、畿内から西側と関東以北は対象から除外され、畿内から関東までの間に対象が限定されていた（『日本の歴史⑬　元禄・享保の時代』）。

国役普請の儀、享保五年仰せ出され、国わけ川々金高割合、定法左の通り

（中略）

国役割合川々定

（中略）

野州　稲荷川　大谷川　竹鼻川　渡良瀬川

右国役相懸り候国　下野　此の高六十六万七千石余

右川々御普請、一川にても四川にも、金高二千両迄は国役に懸り申さず、二千両以上に候得ば、下野国へ国役掛る

但し、二千五百両以上、陸奥国高百十万千石余を差し加うべく候

（『徳川禁令考　前集第四』）

右は、元文二年（一七三七）の定めであるが、下野国の国役対象河川は、当初から稲荷川・大谷川・竹鼻川・渡良瀬川の四川があげられた。いずれも日光領域を流れる河川で、幕府は、それまでも水害に対しては奉行を命じ費用を負担して川除普請を続けていた。一方、鬼怒川は、利根川・荒川とともに武州・総州の国役普請七河川に入り、国役金は、武蔵・下総・常陸・上野四か国に賦課された。

川除御普請国役に申し付くべき由、仰せ出され候儀に付き御書付

今度日光大谷川・竹ヶ鼻川除御普請御入用の事、下野国中国役に申し付くべく候、但し、右入用高五分一は御入用に相立て、残り分は御料・私領・寺社領百姓に申し付くべき候、これにより惣て向後《こうご》国々川除御普請御入用の儀、五分の一は御入用に相立て、寅年より十分一公儀入用に成り、残り分国役と為し、御料・私領・寺社領百姓役に割り掛け申すべく候、若し、入用大分の時は、一国に限らず、隣国迄も割合申すべく候

(享保五年)子五月

(『徳川禁令考　前集第四』)

大谷川・竹ヶ鼻川の川除御普請について、費用は、幕府が五分の一を負担、残りの五分の四を下野一国に割り当てるとした。(高一〇〇石につき金一分と銀七匁の徴収)。ただし、享保七年からは十分の一が幕府負担で、残り十分の九を下野一国の負担とした(高一〇〇石につき金一分と銀一二匁の徴収)。実際はどうであったろうか。

御触の写

今度日光稲荷川・竹の鼻御普請に付き、此の入用は下野国中国役に懸り候筈に候、こ

れにより右入用高の内十分一は公儀より出され其の余は野州の内、御料・私領・寺社領
共残らず高百石に付き金一分銀七匁宛の積り村々より取り立て、当十一月十五日を限り
御代官森山勘四郎・山田八良兵衛方へ御納め有るべく候
一　寺社領の分御料所は其の所支配の御代官へ取集め、私領の分は其の領主地頭へ取集
め、御代官并びに地頭よりこれまた右両人の御代官へ御納めあるべく候
一　銘々知行高明細に書付右の高懸り金納相済みの上にて御勘定所へ御差し出しこれ有
るべく候、且又知行所の内にこれ有り寺社領の儀は右同前の筈に候間、其の領主地頭
より吟味の上銘々知行高書付と一同に御差し出し有るべく候、但し、支配頭これ有る
面々は右の書付其の頭々へ差し出され頭々より御勘定所へ御差出しこれ有るべく候、
以上
（享保五年）子十月　水野伯耆《ほうき》守　伊勢伊勢守　大久保下野守
駒木根肥後守　筧平太夫　荻原源左衛門
杉岡弥太郎　辻六郎左衛門
（日光市　渡辺英郎家文書）
（後略）

右の「御書付」と「御触の写」には異同がある。「御書付」は大谷川とあるが、「御触の写」では稲荷川となっており、また、幕府の負担も十分の一と小さくなって、残り十分の九を下野一国とした。徴収額は、高一〇〇石につき金一分と銀七匁であった。大谷氏は、「享保期の治水政策」等で幕府の負担は、享保五年のみが五分の一で、享保七年から同一〇年に中止されるまで十分の一であったとする。しかし、実際には、幕府の負担は当初より十分の一ではなかったか。表5は、「御触の写」の後半に記載された日光目代手代佐藤五郎右衛門・大出伝右衛門・武井六郎兵衛から村々へ示された徴収額（国役金）をまとめたものである。大桑

表5　村々の国役金

村名	金額
所野村	1両2分757文
小百村	2両226文
瀬尾村	2両606文
瀬尾新田	360文
大桑村	2両1分477文
倉ヶ崎村	2分1貫67文
倉ヶ崎新田	220文
原宿村	1分974文
栗原村	1分361文
佐下部村	1分432文
柄倉村	792文
小佐越村	1分1貫35文
上下瀧村	1分852文
高柴新田	304文
川室村新田共	958文
芹沼村新田共	1両3分1貫2文
轟村	3分473文
町谷村	1両578文
大渡村	3分482文
針貝村	1分1貫147文

（日光市　渡辺英郎家文書から作成）

村が二両一分四七七文で最高額、また、町谷村は一両五七八文となっているが、国役金は他の日光領の村々からも徴収された。日光領の国役金は、日光目代所、後に日光奉行所に納められ、その際には次のような受取が発行された。

覚

金三分銭七百貫文

右は、日光稲荷川・竹鼻川御普請御入用金下野国割□□百石に付き金一分銀七匁ずつ取り立て仰せ付けられ候に付き□□上納受取申し候、仍《よっ》て件《くだん》の如し

享保五年

子十一月　　　佐藤五郎右衛門㊞

南小倉村名主

（日光市　江連泫家文書）

これは、南小倉村名主の受取であるが、普請の河川名・徴収金とともに「御触の写」の内容にそっている。

ところで、享保五年五月二二日の国役普請令の発令の背景には、大谷氏が指摘するように大谷川（実際は稲荷川）・竹鼻川の川除普請があった。同年五月一八日、江戸の日光奉行天野昌孚（丹後守）が「川原御普請」を、同二一日には使番筧新太郎（正尹）が「川除御普請御用」を命じられた。さらに山口権六が川除御普請見習となった。工事は、六月一五日に始まり九月四日に終了した。『徳川実紀』の九月一九日には、「使番筧新太郎正尹下野国日光竹の鼻堤防の事はてゝ帰謁《きえつ》す」とあり、主要な工事の一つが竹の鼻の堤防であったことが窺える。そして関係者へは、褒賞として筧新太郎・天野昌孚に各金五枚、山口図書に白銀《はくぎん》二〇枚、山口権六に同五枚、野沢彦兵衛・山口忠左衛門に同三枚が与えられた。

享保六年閏七月、大谷川・稲荷川が氾濫し諸坊等に被害を与えた。翌年、復旧の普請のために再び国役金が課せられた。

覚

金一両銭百九十四文

右は今度御普請御入用金の内下野国中高役金高百石に付き金一分銀十二匁宛取立て上納仕るべき旨仰せ出され割付書面の通り請取る所也

享保七年
寅九月
南小倉村名主
佐藤五郎右衛門 ㊞
（日光市　江連浤家文書）

徴収額は、享保五年に比べ、一〇〇石につき金一分に銀一二匁と増加している。負担割合は、幕府が十分の一、残り十分の九が下野一国と思われる。

享保八年（一七二三）八月、五十里洪水が鬼怒川通りの村々をおそった。大谷川・稲荷川・玉澤川（田母沢川）も溢れ、翌年四月、大谷川通りの瀬尾《せのお》村（日光市）で川除普請が行われた。とりわけ瀬尾村の被害は大きく、同一〇月、名主以下七七人の百姓たちは、日光目代山口信隆へ屋敷移転の願書を提出した。

恐れながら書付を以て願い上げ奉り候御事

一　瀬尾村の儀は大谷川近所にて水当たり悪しく、洪水の節度々差水仕り、殊に去る卯の八月十日洪水の節村々裏表水押し込み難儀仕り候、其の以後弥《いよ》いよ水先悪しく迷惑仕り候に付き、明静寺《めいせい》地並びに惣百姓居宅自分〳〵の持畑へ引っ越し申したく願い奉り候、御慈悲を以て願いの通り仰せ付け為し下され候はば、当辰の暮より段々引き移り、唯今迄罷り有り候新田屋敷の儀畑に仕立て永々取り持ち仕り、御年貢・諸御役等何分にも仰せ付けられ次第少しも違儀《いぎ》無く急度《きっと》相勤め申すべく候、尤《もっと》も家引き候畑に於いて百姓互いに相対仕り候上は、出入りがましき儀曾て御座無く候、右書面の外に追って願い奉り候百姓御座無く候、以上

瀬尾村　年寄　新左衛門　㊞

（七六名　省略）

山口図書様

（『いまいち市史　史料編　近世Ⅲ』）

一方、町谷村・大渡村では、大谷川の「とつはな（戸鼻・戸花）」付近で川除普請を行った。立籠《たてかご》（縦に敷設する蛇籠《じゃかご》）四八・二間、蛇籠（石を積めた円筒形に編んだ竹籠）二〇を据える工事で、町谷村はじめ日光領の一七か村に対し、竹・木・藤などの資材や人足六六八人が割り当てられた。目代所からは鉄手木《てってぎ》一一挺・鶴嘴《つるはし》一五挺・唐鍬《とうくわ》一三挺・かっさび（唐鍬の一種）二一挺・

立鍬五挺が貸し出された。その際、渋河惣助（目代手代か）が大渡村名主宅に留まり指揮監督をした（日光市　渡辺英郎家文書）。

享保九年、幕府は、鬼怒川などの諸河川修理費用について、幕府が十分の一を負担、残りは武蔵・常陸・上野・安房・上総・下総六か国に課すとした。翌年もこのことを確認し、鬼怒川・渡良瀬川については、陸奥と下野の国より出させるとした。実際、享保一五年一二月、大渡村は前年の渡良瀬川通り普請金三分と銭七二五文を日光目代所に納めた。陸奥・下野に、一〇〇石につき金一分と銀一〇匁の国役金が課せられていたのである（栃木県立文書館寄託　大島延次郎家文書）。また、享保一〇年（一七二五）、幕府は新たに四川《しせん》奉行を設置、江戸川・鬼怒川・小貝川・下利根川の関東四川の普請を担当させたが、同一三年には、さらに神流川・烏川・渡良瀬川・稲荷川・竹鼻川・大谷川・荒川・元荒川・星川流域まで範囲を拡大した。翌年、「とつはな」付近では、再び川除普請が行われたが、四川奉行が関与したかどうかはわからない（日光市　渡辺英郎家文書）。四川奉行が関わった例としては、享保一五年の塩野室村地内大谷川の川除普請があげられる。四川奉行の蓬田《よもぎた》左太夫が普請奉行を勤めた（日光市　渡辺英郎家文書）。翌年、四川奉行は廃止される。享保九年・一四年・一五年の普請は、いずれも国役普請であったと思われる。

表6　延享3年の川除普請見積り

	No.	規模（長×高×幅　面積）	普請箇所と内容	経　費
大谷川	1	15間×1間×2間 30坪	栗木渕前石積根通り掘れ、持溜め石積	380匁7分
	2	55間×深3尺×3尺 82坪5合	そうがうなぎ前通石瀬押溜め川筋狂候に付、石砂堀除片付	836匁5分5厘
	3	17間×□×1間半 25坪5合	照尊院前枠石積損仕立て	258匁5分7厘
	4	17間×1間半×5尺 21坪2合4勺	同所埋地	179匁4分7厘
	5	20間×7尺×3間 69坪9合9勺	硯石の下押切、当分川瀬に罷成、照尊院前道通り水危に罷成候間、此度新規枠石積	946匁2分6厘
	6	37間×3尺×1間 18坪5合	照尊院前より番所前迄石積前根通へ持溜め捨石積	187匁9分6厘
	7	60間×深3尺×3間 90坪	照尊院通り古川筋石押溜め川筋狂服道通へ当り候に付、石砂取除当分川瀬の所へ埋地	1貫64匁7分
	8	55間×3尺×1間 27坪5合	大岩より神橋際まで有り来たり石積根通り持溜め捨石流れ候に付、元の如く捨石	232匁3分7厘
	9	5間×□×1間半 7坪5合	稲荷川落合鉢石町裏通り土留め石垣損候分仕立て	63匁3分7厘
	10	5間×1間半×1間 7坪5合	同所埋地	50匁7分
	11	10間×3尺×1間 5坪	同所石垣根通り掘れ候に付、持溜め捨石	29匁5分5厘
			小　計	4貫259匁4分3厘

	No.	規模（長×高×幅　面積）	普請箇所と内容	経　費
竹之鼻	1	20間×7尺×□ 23坪3合	七里村の方大石積西続石積根通り掘れ、有り来たり通り仕立て	275匁6分3厘
	2	20間×7尺×□ 23坪3合	同所裏埋地石砂を以て有り来たり通り埋立て	196匁8分8厘
	3	57間×1間×1間 57坪	同所より大石積前捨石流れ、元の如く仕立て	674匁3分1厘
	4	65間×深1間×5間 325坪	大石積前へ石砂押溜め、本瀬所野村へ流入候に付、石砂さらい当分川筋埋立川筋付替	3貫844匁4分7厘
	5	15間×1間×5間 75坪	大石積続東の方七里村へ流入危きと申すべく相見え候に付、持溜め捨石	760匁5分
	6	20間×1間半×5間 150坪	所野村の方流入り畑欠込候に付、当分川筋枠石積にて埋立て、古川原へ流す	2貫154匁
	7	60間×3尺×5間 150坪	同所前通古川原大石押溜め候に付、取除川筋付替、古川原へ流す	1貫521匁
	8	110間×1尺×□ 55坪	所野村畑出溜め石積	418匁
			小　計	9貫844匁7分9厘

(1) 姫路市立図書館所蔵　姫路酒井家文書から作成。
(2) 稲荷川の分と諸道具並びに小屋小買物損料等は省略した。

大谷川の百間堤と左手の竹鼻（日光市立図書館所蔵『壬寅歳暴風雨写真記念写真帖』）

国役普請は、享保一七年（一七三二）から宝暦八年（一七五八）まで中断された。しかし、この間にも普請があり、たとえば、延享二年（一七四五）、瀬尾・倉ヶ崎・川室三か村による川除普請が行われた。さらに翌年には、大谷川・稲荷川・竹鼻川の川除普請が計画され、表6のような仕様書が山口図書から幕府勘定所へ提出された。石積の修理や川筋の付け替えのため、総額三九四両二分余を要する工事となった。普請箇所は、大谷川が栗木渕前・照尊院前通り・鉢石《はついし》町裏通り、稲荷川が滝尾別所前・筋違橋向・禅智院日城坊前通り・桜本院前であるが、注目すべきは竹の鼻（竹鼻）の普請箇所で、七里・所野とあり、現在の大谷川の西岸「竹鼻」とよばれる高台とその対岸付近になっている。竹鼻川は、明らかに稲荷川との合流後の大谷川を指しているのである。しかも、普請費用は三河川中最高の九貫余であった。延享四年九月、日光奉行は、勘定所に対して、大谷川・稲荷川・竹鼻川通および瀬尾・倉ヶ崎・川室三か村の川除伺いを出した。入用見積りは、前者が三一七両余、後者が米一一石と一両一分余であった。ところで御神領三か村の川除は、従来、小規模の普請は日光領の村々からの助合《たすけあい》人足をもって自普請の形で実施されたが、寛保元年（一七四一）、二年の出水の際に御普請役の見分を受け御入用御普請すなわち公儀普請となった。延享四年の普請もこの御入用御普請を願っていた。翌年、この伺いは受理された（姫路市立図書館所蔵　姫路酒井家文書）。

こうした普請によってどのような景観が生まれたのであろうか。たとえば、竹鼻川（大谷川）の場合、東京国立博物館蔵『日光道中分間延絵図』の七里付近に「川除石積」と書かれた堤塘について、幕末維新期の史料は次のように記す。

○大谷川除の堤なり、野口村・七里村の辺りより□□の右方裏通り鉢石町入口の辺りまで長さ百間余大石を積て堤とす、名づけて百間《ひやつけん》石垣といふ

（『日光道中略記』）

○磐戸《いわと》町の北裏大谷川の沿岸にあり、長さ四、五百間、高さ六、七尺より一丈二、三尺に至り、厚さは三、四間より五、六間に至る、此の石垣は水防の為に設けたるものにて些《いささ》かも泥土を要せず大小の石を集めて築きたるが故に其の堅牢《けんろう》且つ広大なる事支那の万里の長城も斯《かく》やと怪しまる、然《しか》れども洪水激流のときに当り動きもすれば石垣破壊して損害を蒙《こうむ》る事ありと、以て水勢の猛烈なるを知るべし

（『晃山勝概』）

何度か普請が施されたと思われるが、この堤塘がいつ頃完成したかははっきりしない。加えて、近年の護岸工事でかつての姿を変えてしまっているため、その構造を詳らかにすることもできない。

宝暦八年（一七五八）、再び国役普請が実施されることになった。日光領で確認できるのは、やや後の飢饉下の天明期（一七八一～八九）の普請である。天明三年（一七八三）、四月の雹、五月の霖雨、六月の洪水と、天候不順と災害が続き、竹鼻川通りの洪水では「百間石垣」が崩壊し、村々の生活は危機的状況に陥った。さらに同六年・七年にも洪水が相次いで発生した。そのため、各河川は破壊箇所を早急に修復する必要が生じていた。天明七年、大谷川・稲荷

川・竹鼻通りおよび瀬尾・川室・倉ヶ崎三ヶ村（大谷川通り）、町谷村・針貝村（大谷川通り）、北小倉村・南小倉村（行川通り）、引田村（大芦川通り）、上久我村・下久我村（荒井川通り）の川除普請が六月から九月にかけて行われた。

覚

御神領の内、町谷村・針ヶ谷村・南小倉村・北小倉村・引田村・上下久我村川除国役御普請、昨十三日迄皆出来仕り、立合御用相勤め候、私・手代両人引き取り申し候、これより申し上げ候、尤も勤め日数の儀は、追て御扶持方受取り候節、申し上ぐべく候、以上

（天明七年）未八月　山口新左衛門

右書付、同日、御同人へ差出し候

（栃木県立博物館所蔵　柴田豊久家文書）

国役普請が採用され、日光目代は、指揮監督に手代や下奉行と各普請所に詰めた。流域の村々は、「日光御領川々御普請所」の指定を受け組合を編成して普請に当たった。

天保期（一八三〇～四四）もまた天候不順で冷害・洪水・大風雨が続き、再び大飢饉となった。

日光領でも村々の荒廃が進んだが、洪水や普請に関する史料は数少ない。次の史料は、日光領外の鐙塚《あぶづか》村（佐野市）のものである。

去る寅年下野国稲荷川・大谷川・竹鼻川・渡良瀬川通普請に付き、御入用は下野国へ高百石に付き銀二十匁ずつ国役相掛り候に付き、十一月晦日迄に御代官へ相納め候様公儀より仰せ出され候間、取立て上納これあるべく候

天保十四年卯年

閏九月

地方《じかた》役所 ㊞

安蘇郡村々名主中

（『佐野市史　資料編2』）

天保一三年（一八四二）、稲荷川・大谷川・竹鼻川・渡良瀬川通りの国役普請が行われた。入用金は、下野国へ高一〇〇石につき銀二〇匁ずつ国役金として課せられ、翌年、安蘇郡村々からも国役金が取り立てられて地方役所に納められた。

三　大谷川下流域の用水普請

幕府や領主にとって、川除普請は、土地生産性の維持・年貢確保のための条件整備であったが、農民の再生産に直接関わっていたのが堰・用水路などの用水施設の普請であった。この用水普請もまた川除普請ほどではないが多くの費用や労働力を要した。しかし、用水普請は、本来、その恩恵にあずかる農民が負うべきものとされ、一村で、あるいは用水組合で自普請が行われた。会津街道沿い大桑村（日光市）地内には、瀬尾・倉ヶ崎・川室新田・大渡・大桑五か村用水が流れた。

用水の儀は、瀬尾村地内大谷川より引き申し候、普請は瀬尾村・倉ヶ崎村・川室新田・大渡村・大桑村立合い普請仕来り申し候、右用水大桑村地内六十間程掛樋《かけひ》普請は大桑村計りにて年々普請仕来り申し候

（日光市　星常夫家文書）

普請は、用水組合が協力して行っていたが、大桑村地内の掛樋については大桑村が行う定めであった。五か村用水の川下、今市宿地内黒石に堰（黒石堰《くろいし》）を設けて大谷川を引水したのが、芹沼・町谷・轟三か村用水である。やはり用水規定があり、毎年の堀筋の浚《さら》いや木陰《こさ》払いは、各村から農民が出て行った。また、破損・修復を繰り返した黒石堰の諸入用や人足は、町谷・轟両村で五分、芹沼村が残り五分を負担するとした（日光市　渡辺英郎家文書）。そして、このような農民の負担が能力を超えると、日光目代所（後に日光奉行所）が対応し、それでも困難な時には幕府が公儀普請で築造や修復を行った。

用水の義は小百より引入れ、尤も水口迄凡そ一里程御座候、右場所の内三百間程石積みの樋《ひ》場所に用い、先年出水の節願い上げ奉り候処、御見分の上、御神領村々助け人足仰せ付けられ下し置かれ出来仕り候処、又々出水仕り崩れ申し候に付き願い上げ奉り候処、御見分の上、荒地幅三間程に長さ百九十間程買い取り、新堀に仰せ付けられ出来仕り候処、又々出水砌《みぎ》り殊の外損崩申し候に付き難渋至極仕り候、右用水の儀小百村・原宿村・高柴新田右三ヶ村にて相用い申し候

（日光市　星常夫家文書）

小百・原宿・高柴新田三か村用水は、小百川から引水していたが、石積の樋築造に際して、日光目代は村々から助け人足を出すように命じている。

用水堀御座候、是は大谷川当村より道法三里八丁、今市宿如来寺荊沢《おとろざわ》村より引来り申し候、尤も塩の室村・沓掛村・小林村三か村高二千五百八十石余の場所へ引き申し候、尤も大破の節は御願い申し上げ、御入用御普請に度々成し下され候、証拠書所持候

(日光市　小池栄治家文書)

水田に乏しい日光領に比べ、南に広がる鬼怒川右岸の平坦地は、生産力が高く水田がよく開かれた。ここを潤したのが塩野室・沓掛・小林三ヶ村用水である(後に針貝村を加わえ四か村となる)。三ヶ村はいずれも相給《あいきゅう》の村で、幕領・大名領・旗本知行所などに分かれ領地錯綜《さくそう》していた。そのうえ用水堰は、如来寺領の荊沢村地内にあったため、用水施設の維持管理が難しかった。しかも荊沢村用水堰は、大谷川の出水によってしばしば破損し、その都度、幕府が御入用御普請、すなわち公儀普請で修復しなければならなかった。表7は、荊沢村用水堰の御普請をまとめたものである。普請担当者は、天明七年以外は幕領の代官であった。

なぜ、特にこの用水が公儀普請の対象となったのであろうか。やはり日光領との関連が考えられるが、三か村の内、塩野室は日光領に含まれた時期があった。天明六年（一七八六）の出水で、日光領に六一石余の永荒地が生じたため、翌年一二月、幕府は代知として塩野室八一石二斗三升五合九勺（幕領）の内、六一石余を日光領に繰り入れた。後に寛政四年（一七九二）閏《うるう》二月、新御領六か村とともに再び幕領となるまで塩野室は日光領に属した。しかし、公儀普請は、日光領となる以前から見られた。そこで考えられるのが今市御蔵所《おくらしょ》との関連であ

表7　荊沢村用水堰の御普請

御普請年	御普請担当者と御入用内訳
享保 9（1724）	池田新兵衛
寛延 2（1749）	田中八兵衛
宝暦 8（1758）	久保田十左衛門
宝暦 13（1763）	久保平三郎／諸色代・人足扶持米代共金88両1分永226文2分
明和 5（1768）	鵜飼左十郎／諸色代金70両3分永31文6分・人足扶持米13石8斗99合、外に100石につき50人村役、鉄縄木組合村役
安永 9（1780）	川崎平右衛門／諸色代金14貫897文・人足扶持米17石5斗9合5勺、外に100石につき50人村役、松杉丸太木組合村役、出役太田文五郎
天明 2（1782）	（不明）／諸色代金21両1分永77文7分・人足扶持米2石8斗2升3合7勺、外に100石につき50人・縄58房組合村役
天明 7（1787）	永田藤助（勘定）、米倉幸二郎・田中又蔵（普請役）
寛政 6（1794）	小出大助
享和 2（1802）	浅岡彦四郎
文政 6（1823）	伊奈友之助

（日光市　手塚芳昭家文書から作成）

る（『いまいち市史　通史編Ⅱ』）。今市宿には、幕府の米蔵である御蔵所があり、下野国内の幕領から年貢米が運ばれ貯蔵された。この米を今市御詰米《おんつめまい》とか今市御蔵米《おんくらまい》と呼んだが、塩野室の幕領では元禄一五年（一七〇二）から、小林村の幕領では明和七年（一七七〇）から詰米が納められている。今市御詰米は、通常、日光山の扶持米や日光配当米などに当てられたが、非常備米的性格を持つものであり、その維持は、幕府の日光山経営上、重大な問題であった。したがって、たとえ納入額は小さいにしても、詰米の安定確保のためには三か村用水の保持を軽んずることはできなかった。塩野室が、一時、日光領に繰り入れられたことを考え合わせても、今市御蔵所に近接するこの地域の生産力の維持は、幕府にとって大きな関心事であったのである。

　どのような普請が行われたかは、寛延二年（一七四九）と宝暦八年（一七五八）の目論見書（仕様書）が残されており概要がわかる。寛延二年の普請は、大谷川水口一五二間に〆切籠《しめきりかご》（堤より突き出して設置する蛇籠の先に延長する際、継ぎ目に巻く二本の蛇籠、帯籠）を据え、〆切堰口付近二八間の掘割《ほりわり》をするというものであった。資材・人足扶持米等の諸色《しょしき》や人足の負担は、当初、享保九年の普請にならって、諸色は御入用で買い上げ、人足は残らず村役にしようと計画した。ところが最寄村へ諸色買い上げ入札の触れを出したところ希望者が出なかったため、代官の田中八兵衛は、上州上利根川通りで落札された値段をもって村請をさせることにした。工事は、翌年の早春に実施となった。宝暦八年は、堰入口付近の籠〆切・横〆切・枠〆切・浚い・石腹付《いしはらづけ》・枠堀埋め立て・用水堀欠所築立《かけしょつきたて》・土手修復などで、寛延二年よりも規模は大きくなった。なお、天明七年の御普請は、幕府普請役の手によるもので、堰付近に蛇籠・石積が据えられ、用水路の浚いが行われている（日光市　手塚芳昭家文書）。

しかし、この用水は水不足になりがちで、嘉永期には新たに針貝村地内から引水して三か村組合の用水に加える計画が持ち上がった。そのため芹沼・町谷・轟《とどろく》三か村用水組合と激しく対立するがなんとか実現に至った。そうしたなか嘉永六年（一八五三）、報徳仕法が始まる。用水普請を積極的に推し進め、三十数本の二宮堀《にのみやぼり》が整備された。この仕法の展開により、従来の公儀普請は取り止めとなった。

四　尊徳仕法と二宮堀

嘉永六年（一八五三）、二宮尊徳は、日光領の復興のため日光奉行所手附に命じられ、日光神領仕法を開始した。このうち尊徳仕法による用水路工事をみると、取水口となる親川は、大谷川一〇、板穴川《いたな》四、古大谷川三、赤堀川一、田川五、行川六、武子川《たけし》一で、大谷川が最も多い。そのなかで二宮堀最初の大工事となったのが、和泉・平ヶ崎・千本木三か村用水である。日光七里付近の大谷川から取水し三か村を経由して千本木村で田川に合流する。嘉永七年（一八五四）閏七月五日着工し、同月二二日に竣工した。動員された人数は、村から延べ四五九人、破畑《はばた》人足六二七人を加わえて計一〇八六人を数えた。入用金は、四八両二分二朱余にのぼったが、報徳役所からの「全額出捨《ですて》」（全額支出）で竣工させた。工事内容は、幅五尺（一・五メートル）、深さ二尺五寸（〇・八メートル）の用水路と、石垣一七か所・石垣堤四か所、柵一八か所が設置された。作業は、富田高慶《たかよし》や伊東発身《ほっしん》が村に宿泊し、東郷（真岡市）から荒専八が加わって終日指導がなされた。工事には下流一二か村の反対もあったが、日光奉行所による関与もあって着工にいたった。平ヶ崎村には、これを記念して水神碑が建てられた。この用水により流域では畑田成《はたたなり》（畑の水田化）が進行し潰家《つぶれや》が取立てられて、村々は復興した

（『いまいち市史　通史編　別編Ⅰ』）。

五　鬼怒川取水の用水路

鬼怒川水系に鬼怒川から分れ、また鬼怒川に戻る西鬼怒川がある。実は逆木《さかさぎ》用水とことで、鬼怒川右岸から取水し鬼怒川西部の広範囲を灌漑し水運にも利用された。宮山田（宇都宮市）の高間木《こうまぎ》で分流し、上小倉《かみこくら》・今里・上田《うわだ》・芦沼《あしぬま》を流れて旧河内町に入り、下ケ橋《さげはし》付近を南下して東岡本で再び鬼怒川に合流する。延長約一八・二キロメートル、途中、ここから取水されて御用川や九郷半《くごうはん》川など多くの用水路が設けられた。このうち御用川は、今里（旧上河内村）で取水し、今泉村（宇都宮市）で田川に合流する。元和六年（一六二〇）、宇都宮藩主本多正純が宇都宮城下の整備に必要な建築用材を運ぶため開削し、寛文八年（一六六八）には松平忠弘が年貢米や物資運搬のために改修した。別に御用川用水とか御用堀とも呼ばれた。

また、慶長一五年（一六一〇）、鬼怒川右岸の板戸村から取水する刈沼新田用水が開削された。寛文一〇年（一六七〇）には、全長一四三間の隧道が掘られ刈沼・野高谷《のごや》・道場宿・氷室《ひむろ》・打越新田の六か村組合用水に拡大した。さらに宝永四年（一七〇七）、水路と隧道により東水沼村の唐桶溜《かろけためめ》に引水して、東水沼・西水沼を加わえて八か村組合用水となった。安永六年

（一七七七）、竹下・鐺山・上籠谷《かみこもりや》三か村が加わって板戸一一か村用水が成立した。

一方、鬼怒川左岸には、明暦期（一六五五～五八）に市の堀用水が開削された。取水口は、当初、大久保村（塩谷町）の鬼怒川・松川に設けられたが、現在は塩谷町佐貫首工から取水され、風見山田で逆木《さかき》用水を分岐し、さくら市・高根沢町を潤し、芳賀町・市貝町・真岡市を経て、二宮町（真岡市）で小貝川に流入する。全長四三キロメートル。宇都宮藩の殖産政策として、また、井沼川流域の桑窪・柏崎・土室《つちむろ》（高根沢町）の水不足を解消するため、正保三年（一六四六）に着工し、明暦二年（一六五六）に完成した。工事には、宇都宮藩の奥平織部・奥平図書・斎藤又兵衛らが関わり、特に桑窪村地頭の奥平織部や土室村地頭の山崎半蔵の功績が大きかった。用水の管理は、当初、押上・上下松山・挟間田《はざまだ》・挟間田新田・土室・柏崎・桑窪の八か村で行われたが、のちに長久保新田・蒲須坂《かますざか》新田・箱森新田・谷中新田・根本新田が加わり一三か村の市の堀組合が結成された。堰元村は、大堰の作られた押上村がつとめ、樋門《ひもん》を管理し組合を統制した。ただ、宇都宮藩の所領替による組合の分裂や鬼怒川渇水期の他用水との水争いなどが起きて、組合の混乱は明治まで続いた。明治三四年（一九〇一）、市の堀普通水利組合が作られ、大正五年（一九一六）には市の堀水利組合が設立された。

六　川除普請と民衆

自普請と村役・国役

幕府の初期の治水政策としては、貞享四年（一六八七）、幕領内の田畑養いのための普請について、高一〇〇石につき人足五〇人までは自普請で行うとしたが、その後の財政悪化に伴い、堤川除普請もできるだけ村役あるいは自普請で行わせ、御普請も村役を前提として考えるようになった。さらに延享二年（一七四五）には、小川内の郷堰・川除・用悪水溜堀浚いなどはすべて自普請で行わせようとした（『国史大辞典　5巻』）。自普請は、普請費用のすべてを農民が負担するもので、日光領の用水普請や橋普請の多くが、この自普請で行われた。一方、川除普請については、他の地域の河川に比べ、公儀普請や国役普請といった御普請がしばしば認められ、自普請は小規模のものに限られていた。

幕府は、財政悪化への対策として、普請負担を百姓自普請や村役の形で農民に転嫁しようとした。荊沢村用水堰の公儀普請についても、本来、普請費の全額を幕府が負担するはずであったが、実際には、塩野室・沓掛《くつかけ》・小林三か村に対して人足や資材の一部を村役（百姓役）

鬼怒川の蛇籠（『高根沢町史　別冊』）

として課していた。この村役賦課の始まりは、池田新兵衛の時とも鵜飼左十郎の時とも記されるが、鵜飼の後の川崎平右衛門は、高一〇〇石につき人足五〇人と成木や杭の差し出しを命じた。享保一七年（一七三二）、幕府は、御普請に使役される人足は、一〇〇石につき五〇人まで村役、この他一〇〇石につき五〇人までは扶持米を一人七合五勺支給、村役人足と扶持方人足以外に差し出した人足は一人一升七合のつもりで代銀を与えることを規定した。荊沢村用水堰の明和五年（一七六八）・安永九年（一七八〇）・天明二年（一七八二）の村役はこの規定に準じている。こうした村役に対しては、享和二年（一八〇二）、困窮による潰百姓の増加などから免除願いが出されている（日光市　手塚芳昭家文書）。

一方、川除普請の方は、残された史料からは村役の有無が用水普請ほどはっきりしない。領主側と村方で負担を分け合う仕法とされたのが領主普請であった。享保一四年（一七二九）、大谷川通「とつはな」付近で川除普請が行われた。この普請は、享保九年の普請とは異なり、記録上「御普請」の文言がなく、日光目代所による領主普請の可能性がある。工事は、三月から四月にかけて立籠二〇・蛇籠一二を据えるもので、大渡村（高二一二石余）が人足四二一人・竹三九六本、町谷村（高二七九石余）が人足五三七人・竹五三二本を差し出すとした（日光市　渡辺英郎家文書）。これら人足・竹のすべてが村役なのか、それともその一部なのかはわからない。村役は、村役人によって百姓たちに割り当てられたが、それを怠るようなことがあれば訴訟にも発展した。安政四年（一八五七）、平常の農業ばかりか川除普請所に出ることを怠ったとして、町谷村の安之丞が日光奉行所に呼び出された。村役人たちは、安之丞の反省を理由に村預け・吟味下げを願った（日光市　渡辺英郎家文書）。

国役は、幕府が所領に関係なく一国単位に賦課した臨時の課役で、徴収金は、国役普請のほか朝鮮通信使接待や日光法会の費用などに当てられた。本来は労働提供であったが後には貨幣による代納となり、これを国役金といった。表8は、小林村の内、大久保知行所（高三六九石余）の寛政以降の国役金の納入状況をまとめたものである。寛政期（一七八九〜一八〇一）

から文化期（一八〇四〜一八）までは、単に「国役」あるいは「国役金」とあるだけでその目的がわからない。文化期以降は「川々国役」とか「川々国役金」とあって、国役普請を目的

表8　大久保知行所小林村の国役金

年代	金額	名目
酉 1789	3分永93文2分	国役金
辰 1796	永1貫67文5分	国役金
巳 1797	永851文8分	国役金
午 1798	永1貫203文6分3厘	国役
亥 1803	永1貫716文8厘3毛	国役高掛り
寅 1806	1両2分永234文5分3厘3毛	国役金
卯 1807	1両2分永234文5分3厘3毛	国役金
巳 1809	2両1分永222文6分3厘2毛	両国役納分
午 1810	2両1分永222文6分3厘2毛	両国役金
未 1811	1両2分永234文5分3厘3毛	川々御普請国役
子 1816	2分永238文1分	川々国役金
	永1分6厘3毛	日光御法会国役
丑 1817	1両永137文9分	川々国役
	永1分6厘3毛	日光御法会国役
寅 1818	1両3分永85文2分3厘	川々国役
	永1分6厘3毛	日光御法会国役
辰 1820	3分永18文8分5厘	川々国役金
午 1822	2分2朱319文	川々国役金
丑 1829	1両3分銀5匁3分4厘6毛	丑年川々国役金
寅 1830	1両3分銀6匁4分5厘3毛	川々国役金
卯 1831	1両3分銀6匁4分5厘3毛	川々国役金
巳 1833	1両3分銀6匁4分5厘3毛	川々国役金
未 1835	1両3分銀6匁4分5厘3毛	川々国役
申 1836	1両3分銀6匁4分5厘3毛	川々国役
酉 1837	1両3分銀6匁4分5厘3毛	川々国役
戊 1838	1両2分2朱銀5匁9厘6毛	川々国役金
亥 1839	1両3分銀6匁4分5厘3毛	川々国役
子 1840	1両2分銀9匁5分2厘	川々国役
丑 1841	1両2分銀4匁8分6厘	川々国役
	銀3匁1分5厘6毛	国役利納
寅 1842	1両3分銀1匁2分8厘	川々国役
卯 1843	1両2分銀7匁4分2厘	川々国役
	銀2匁8分1厘	右利納
辰 1844	1両3分銀6匁4分5厘3毛	川々国役金
未 1847	1両3分銀6匁4分5厘	川々国役金
申 1848	1両3分銀6匁4分5厘	川々国役金
酉 1849	1両3分銀6匁4分5厘	川々国役金
戊 1850	1両3分銀6匁4分5厘	川々国役高割金
丑 1853	銀34匁7分2厘	川々国役
寅 1854	銀110匁3分4厘6毛	川々御普請高役金
	銀1匁1分7毛	包み銀
卯 1855	1両3分銀6匁4分5厘	川々国役
辰 1856	1両3分銭725文	川々国役納・包入用共
巳 1857	1両3分725文	川々国役包分共
午 1858	1両3分725文	川々国役上納包分共
未 1859	1両3分鐚713文	川々国役
申 1860	1両3分713文	川々国役納包分共
酉 1861	1両3分713文	川々国役金納包共
戊 1862	1両3分713文	川々国役包分共
亥 1863	1両3分713文	川々国役上納包分共
子 1864	1両3分713文	川々国役上納
丑 1865	1両3分永108文3厘	川々国役
寅 1866	2両2朱永95文4分3厘	川々国役上納包分共

（日光市　小池栄治家文書から作成）

に恒常的に国役が賦課されるようになった。文化一三年・同一四年・文政元年の三年間は、日光法会の費用も徴収された。文化六年・同七年も「両国役」とあるから「日光法会国役」の徴収があったと考えられ、文化期は、国役普請と日光法会を目的とした国役がそれぞれ賦課されたようだ。川々国役金の額は、年によって異なることもあったが、文化期以降幕末までは、大体、一両二、三分くらいであった。

町人請負と村請

公儀普請や国役普請などの御普請に際して、日光領でも町人請負や村請による普請が見られた。全国的には、元禄から正徳期にかけて町人や有力農民による請負が盛んになったが、幕府は、普請費用の節減のため、正徳三年（一七一三）にはこうした行為を禁じ、なるべく百姓自普請にしようとした。しかし、享保五年（一七二〇）の国役普請制度は、町人の請負を認め、地域の浮遊労働力を編成して工事を担わせたといえる。日光領の場合、状況はどうであったか。享保期の関係史料が見あたらないので、天明七年（一七八七）の普請に町人請負や村請の状況をみてみよう。

天明七年、日光領の河川では各所で国役普請が展開された。「大谷川・行川・大芦川・荒井川通り日光御神領六ヶ村川除国役普請」では、町谷・針貝・北小倉・南小倉・引田・上下久我六ヶ村に村請が命ぜられた。この時、町谷村や針貝村は、御普請の不慣れを理由に今市町や鉢石町等の商人に普請の請負を依頼した。

取り替し申す証文の事

一　此の度三か村川除御普請御願い申し上げ候処、御国役御普請に仰せ付けなされ候得共私共相手馴れ申さず候間、貴殿方へ相頼み候趣は、御金高にて一割村方相続金差し出され、此の後川除一件諸入用御奉行様御賄い入用御差出しこれ成り、右の趣を以て貴殿方へ相頼み候の所相違御座無く候、尤も御金頂戴仕り候はゞ其節早速貴殿方へ相渡し申すべく候、後日のため証文、仍て件の如し

天明七年未六月七日

針貝村　甚五兵衛
荊沢村　五郎治
町谷村　武兵衛　㊞

今市町　庄右衛門殿
瀬尾村　庄右衛門殿

（日光市　渡辺英郎家文書）

日光鉢石町　善兵衛殿

しかるに同年六月、日光目代所は普請の心得を示して、「御普請中他所より請負人がましきもの決して入るまじく、村々小前百姓残らず罷《まか》り出《い》で」と、他所よりの請負を禁じた。村請であれ町人請負であれ、幕府が一度命じた決定を勝手に変えることは認められなかったのである（日光市　渡辺英郎家文書）。八月、上下久我村へ八一両の外、引田村三六両、南小倉村一五両、北小倉村一三両、町谷村・針貝村四五両余の普請入用金が手渡された。残金は、一一月に六ヶ村合わせて三八両余が支払われた。一方、「大谷川・稲荷川・竹の鼻通り瀬尾・川室・倉ヶ崎三ヶ村川除国役普請」では、日光御幸町の福田屋庄兵衛が普請を請け負い、八月に入用金一一六六両余りの内、四百両を、一一月には一六六両を受け取った。

覚

高金千百六十六両一分永二十四文一分の内

一　金四百両

右は、日光大谷川・稲荷川・竹の鼻通り瀬尾・川室・倉ヶ崎三ヶ村川除御普請御入用金之内、書面の通り、御渡し遊ばされ請取り奉り候、仍て件の如し

天明七年未年八月三日

請負人　福田屋庄兵衛　㊞

請負人証人　備前屋三七　㊞

（栃木県立博物館所蔵　柴田豊久家文書）

福田屋庄兵衛が実際どういった普請人足を集めたかはっきりしないが、多分に日光領の浮遊労働力が利用され、その中には農民たちが多く含まれていた。しかし、幕府は関係村に普請を請け負させる村請の方法を採用するようになった。川除御普請は、農民の家居の安全や田畑の再生産に関わるものであり、関係村の農民ぬきで行えるものではなく、また、支払われる資材代や人足賃は、農民の貴重な現金収入にもなったからである。

差し出し申す一札之事

一　此の度町谷村・針貝村一同川除御普請村請け仰せ付けられ有り難き仕合せに存じ奉り候、然る上は右御普請中日々人足御割合次第差支え無く罷り出で御場所御用大切に

相勤め申すべく候、念のため差し出し申す一札、仍て件の如し

文化六年巳二月日　　　　町谷村（人名省略）

（日光市　渡辺英郎家文書）

ところが、村請を名目にして他所の者が普請を請け負ったり、村役人が個人的に引き請けてしまうことが後を絶たなかった。文政八年（一八二五）、日光奉行所は、次のような触れを村々に出した。

①村請を命ぜられたときは、銘々の家居・持田畑に関わることであるから、村全体でできるだけ精を出して勤めなさい。手に余るような場所については、村役人・惣百姓が相談して他所から人足を雇い、日々相当の資金を渡しなさい。村人足の内にも仕事の強弱があるので、村役人はその働きをよく見て、依怙贔屓《えこひいき》がないよう賃金を渡しなさい。食料などは不足がないよう取り計らい、御普請金渡しの時には諸費用まで細かく取り調べ勘定帳を正しく認めなさい。万一、御入用金が不足した時は、軒毎に銭を出して埋め合わせ、余りが生じれば軒毎に分けなさい。

②枠類（河川工事に用いる箱形の板）・蛇籠などの諸式は、高をもって軒毎に割り当てるが、所持する木などがなく都合の悪い者は、相談して差し支えがないよう取り計らいなさい。諸式代の割合は、同じ様にはっきりと勘定立てしなさい。ただし、竹木は、村内にない所は別として、なるべく村内の竹木を用い、他所より買い入れてはならない。

③御普請中、御普請所において使用する手木《てぎ》・鍬・鎌・大網縄・竹・丸太、そのほか諸品・諸道具などは差し仕えないよう村方より差し出しなさい。

④村請を命じたのは重大な考えがあってのことであるから、他所の者へ引き受けさせたり、あるいは慣れた村役人一人に任せたりすることは、決してあってはならない。村役人は、よく相談をして小前百姓が疑惑など抱かぬようすべて誠実に勤め、不益のことがないよう精を出しなさい。

⑤御入用金を銘々の酒食・雑用に浪費することはもちろん、意味もなく寄合など開くことはいけない。

⑥前々から御普請のたびにいわれてきたことを守りなさい。

（日光市　渡辺英郎家文書）

このように、日光奉行所は、町人や農民の請負による普請を禁じるとともに、村請時の心得を確認させた。

御普請所の農民

もう少し、御普請所における農民たちへの規制をみてみよう。嘉永四年（一八五一）、大谷川の川除普請が町谷村・針貝村組合の村請で実施された。この時、組合から日光奉行所川除掛りにに出された請書では、次のようなことが誓約されていた。

①入用の諸色（品々）などは、普請所へ差し出して改めを受け、丁張《ちようはり》（工事計画に従い堤防の形に縄を張ること）の通り入念に拵える。すべて指図《さしず》を受けて実施し、やり直しのないようにする。

②人足は、早朝から夕方まで働き、昼飯や煙草休みなどは無闇にとらない。普請所に居る時の伺いや普請所廻りの時、村役人たちは人夫たちに指図をして猥らなことがないようにする。

③普請の拵えがよくなかったり、拵え中に出水で押し流されりしても、完了の見分が終

わらない内は、何度でも拵え直す。

④普請所の喧嘩口論ほかすべて物騒がしいことはいけない。村役人も普請にことよせて無駄な集まりをしてはならない。

⑤普請金はでき具合に応じて渡されるが、村々の諸色・竹木代や大工・人足賃などは勘定を厳重にして支払い、受取印をきちんと取って後日出入りが起こらないようにする。

⑥普請中は、旅宿へ不要な水夫《かこ》(雑役夫)などを大勢出さず、賄い方もあり合わせの品を使って一汁一菜とし、ご馳走などしないようにする。お定めの木銭《きせん》(宿泊料)や米代は、所相場で払うのでなるだけ不足にならないようにする。もちろん調べの時、所相場で買い上げるのに不相当の安値段を言ってしまい、後で足銭《たしせん》などが生じたことが判明すればお叱りとなろう。

⑦わずかの品であっても贈物を差し出さすことは決してあってはならない。家来たちへは前々から言ってあるが、万一過ぎたことがあったり、無心など言ってきたら隠さずにすぐに申し出なさい。もし、隠していて後で他から判明したときは調べのうえお叱りとなろう。

(日光市　渡辺英郎家文書)

右は、幕府の出した治水法令の一つと思われるが、定められた経費と期限の中で工事を完了しなければならなかっただけに、普請関係者への規制は厳しい。町谷村は、慶応三年（一八六七）の普請の際にも同様の請書を提出した（日光市　秋元正俊家文書）。

第三章

筏流しと舟《しゅう》運《うん》

一　売木人仲間と筏流し

売木人仲間

近世下野国を流れる河川は、内陸水路として重要な役割を果たしていた。主な河川には、鬼怒川・那珂川・巴波《うずま》川・思《おもい》川・渡良瀬川があり、各種の船が行き交い、流域には多くの河岸が発達した。そして、これら舟運や河岸と盛衰をともにしたのが筏流しである。

表9　文政5年の神領組売木人仲間

一番組（16人）	長　畑（1）	柄　倉（1）
荊　沢（2）	土　沢（2）	小佐越（1）
針　貝（1）	小　代（1）	原　宿（2）
町　谷（6）	森　友（2）	小　百（2）
大　渡（2）	大　室（3）	高　畑（2）
轟（2）	片　倉（1）	瀬　尾（2）
芹　沼（2）	和　泉（2）	佐下部（1）
川　室（1）	樫　際（1）	栗　原（1）
二番組（22人）	水　無（1）	矢野沢（1）
小来川（1）	三番組（21人）	大　桑（1）
今　市（5）	大　桑（3）	小　百（1）
吉　沢（2）※	倉ヶ崎（2）	三組合（59人）

※他1人休み　　（日光市　渡辺英郎家文書）

鬼怒川は、鬼怒沼（日光市）に源を発し、小支流を合わせながら県中央部を南下する。上流には豊富な山林資源が広がり、早くから領主たちによって伐木され筏流しが行われた。慶長・元和期（一五九六〜一六二四）、宇都宮藩が城下整備や江戸藩邸建設のために、元和・寛永期（一六一五〜四四）には、幕府が日光造営の用材を伐り出した。万治・寛文期（一六五八〜七三）、会津藩が明暦大火の復興のため南山御蔵入《みなみやおくらいり》領の三依方面（日光市）で伐木し、下流の高徳（日光市）付近から筏で川下げをした。

江戸中期、筏流しは農間余業の一つとして百姓に広がり、持林から盛んに伐木し筏流しされるようになった。その担い手となったのが上層農民で、化政期（一八〇四〜三〇）には川筋ごとに売木人《ばいぼくにん》仲間（筏荷主）が結成された。町谷・轟・大室（日光市）などの大谷川筋の神領組、鬼怒川右岸の小林から小倉一帯（日光市）と左岸の船生（塩谷町）・上平（上三川町）一帯の川辺組（多くは宇都宮藩領）、左岸の北東部（さくら市）の中（仲）組、矢板（矢板市）方面の原方組があり、いずれも五、六〇人の売木人で構成され

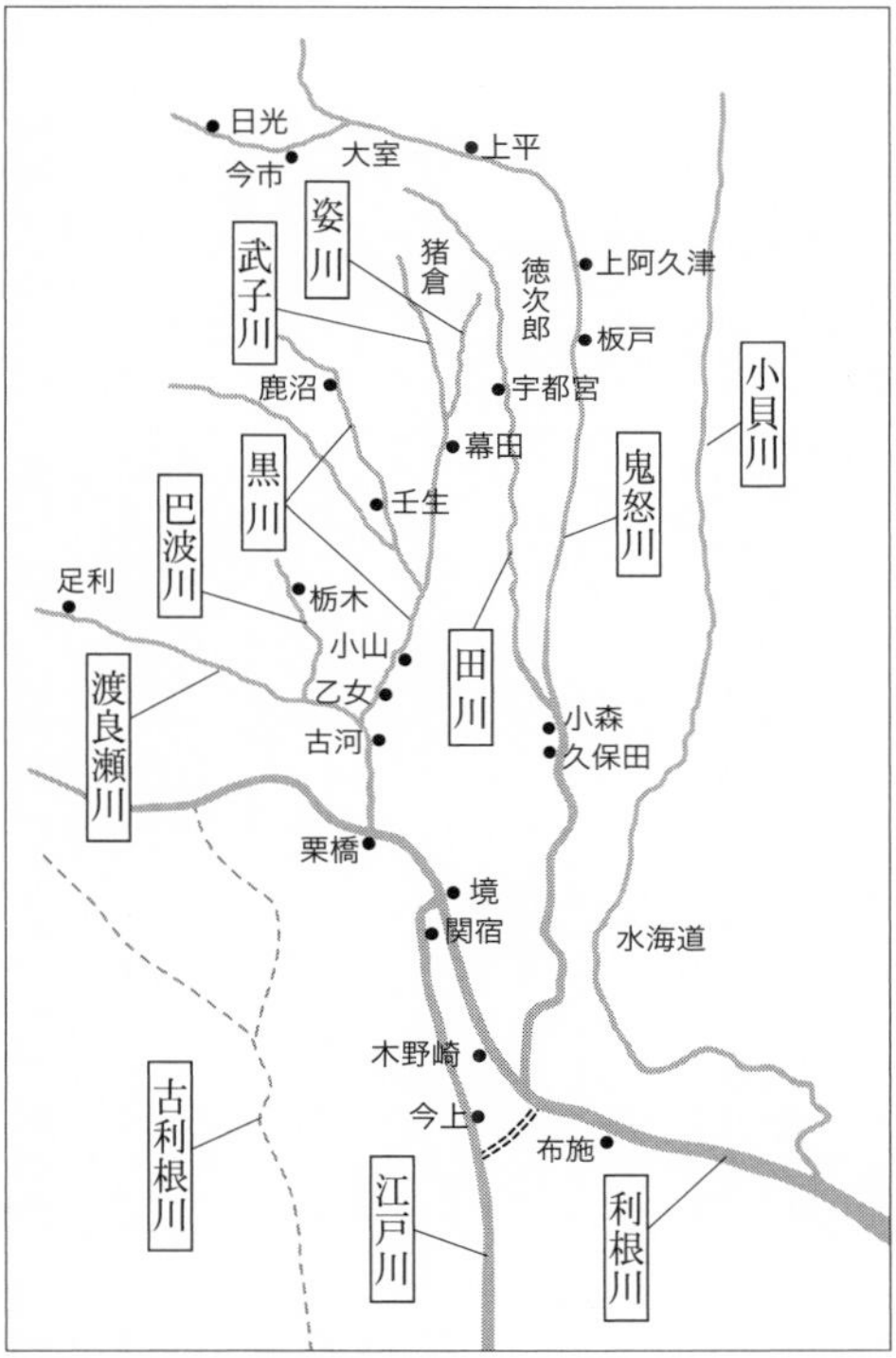

図2　江戸までの水路図

た。売木人仲間は、株仲間を組織し、行事や定願人を置いて結束を固めた。その一つ神領組の文政五年の売木人の数は五九人、三つの組合に組織されていた（表9）。

表10　天保8年の鬼怒川筋村々

	村名	施設		村名	施設
川西筋村々	上下小倉	川浚、橋	川東筋村々	押上	堰
	芹沼			上下阿久津	川浚、渡舟、通舟
	岡本			宝積寺	舟宿
	平出			板戸	堰、舟宿
	石井	簗、川浚、舟宿		苅沼	舟宿
	桑島			道場宿	舟宿
	刑部			竹下	
	東木代			籠谷	
	文挟			石法寺	簗
	東汗			勝瓜	
	蓼沼	堀浚		柳林	川浚
	三ヶ柴			大沼	
	三本木	舟宿		糟田	
	大道			寺分	
	吉田	舟宿		若旅	普請所
	延島	舟宿		谷貝	普請所
	中島			堀米	
	久保田			大道原	
				大田	
				鷲巣	
				江連	川浚、普請所
				大島	

（日光市　渡辺英郎家文書）

筏は、鬼怒川の各河岸を通行した後、利根川に入って関宿（千葉県野田市）まで遡行し、江戸川に入って深川で筏を解体した。この間、およそ七日を要した。宇都宮藩は、上平・阿久津・汗《ふざかし》三か所に通行改めのための筏改所を設け、運上金として荷口銭や冥加金を徴収した。そのため筏改の宿を上平・汗に二軒、阿久津に一軒（のち二軒に増宿）置いた。一方、利根川には木野崎（千葉県野田市）

に筏改所があり、天保期（一八三〇〜四四）以降、同村の材木問屋が鬼怒川の筏流しを掌握した。沿岸の村々とは、簗場・堰・橋などの破損や口銭の徴収・上荷物をめぐってしばしば対立した（表10）。

筏組立てと筏乗り

嘉永二年（一八四九）、幕臣の鈴木重嶺《しげね》が鬼怒川の名勝籠岩《かごいわ》を訪れた。大桑村（日光市）で道行く人に籠岩への道を尋ねると、筏を組みに行くというので案内を頼んだ。着いてみると筏乗りたちが早瀬の岩にぶつからないよう馴れた棹さばきで筏を操っていた。これを見て重嶺は、「筏士の　しわざのみとや　よそにみん　だれもあやふき　世をわたりつゝ」と詠んだ（「絹川花見の記」）。籠岩は、奇岩奇勝で知られ、佐下部《さげぶ》や小百《こびやく》方面（日光市）から小百川に流した伐木を集め筏に組む土場が設けられていた。付近では、伐木の放流を管流《くだなが》しとか角流《かくなが》しといい、上流の高徳にも小佐越・柄倉《からくら》方面（日光市）から流した伐木を組む土場《どば》があった。小来川《おころがわ》（日光市）・板荷（鹿沼市）方面の伐木は、大谷川を使い、針貝（日光市）の土場で筏に組んで江戸に流した。御定法では、筏の一組は、幅六尺（約一・八メートル）・長さ一二間（約二一・六メートル）・二人乗りとされ、これを一敷《しき》といい、四つ繋いで一綱《つな》と呼んだ（「宇都宮記」では一敷は幅六尺・

長さ八間）。筏を結ぶ綱には藤の蔓が使われた。

文化四年（一八〇七）、宇都宮領の筏注文主（定願人）と鬼怒川下流の久保田・中村両河岸との間で筏組立てをめぐり争論が発生し、上流の筏荷主たちも加わって訴訟に発展した。結局、江戸の材木問屋が入って内済が成立し、従来の幅六尺・長さ一二間・二人乗りが確認された。

鬼怒川の筏流し（香川大介画）

ただ、延島村字七つ（小山市）からは幅二間（約三・六メートル）・長さ一二間・二人乗りで流すこととした。宇都宮藩への冥加金は一か年一人鐚三貫文ずつ、「川通り筏御証文」は上平と阿久津の河岸から発行された。

筏の木品は、板・貫《ぬき》・角《かく》・小割《こわり》・丸太・平割・竹などと種類が多く、藤の蔓で結び川下げをした。筏の上には、筏乗りのために小屋（上ぼね小屋）を掛け、必要な食料が積み込まれた。

表11は、小百村の売木人が作成した「筏調帳」で、上平河岸で秋に組み立て春先に流す筏の代金（口銭）を書き留めたものである。一部は関宿で現金で支払い、残りは江戸為替で支払われた。筏数は一綱か二綱で、一綱は木材一九〇本前後であった。筏乗りは、中・下層の農民が多く、流域の村々から雇われた。修理用の鉈《なた》を腰に下げ、長い竹棹を持って筏を操った。表12は、小百村の売木人が筏乗りに支払った筏賃である。行先がわからないが一敷五、六文くらいであった。幕末の神領組の場合、吉田河岸まで二朱と一五〇文、木野崎まで一分と三五六文、関宿まで一分二朱と二〇〇文、江戸まで二分三朱と、結構な稼ぎであった（日光市　木村義郎家文書）。

表11　文久3年の上平河岸組出し筏代

筏2綱　角数390本 金5両　関宿渡し 金8両　江戸為替附 宝積寺村倉蔵乗	去秋中上平川岸組出しの内、当3月中入津の分
筏2綱　木数379本 金5両　関宿渡す 金23両3分2朱と2貫4分6厘　為替附 上平村友次乗	去秋中上平川岸組出しの内、右口銭懸かり金為替の分
筏1綱　木数194本 筏3敷かご岩組出し 阿久津茂兵衛乗	木数102本　これは除く 当分吉田に止置き分
〆角数970本	去秋上平河岸組出し5綱調べ

（日光市　沼尾由之家文書）

表12　小百村売木人の筏賃支払

筏乗り		筏数(敷)	代(文)	筏乗り		筏数(敷)	代(文)
泉村	源五郎	16	88	同村	所一郎	12	66
栗原村	與兵	12	66	同村	太郎右衛門	1	6
原宿村	藤吾	16	88	瀬尾村高畑	勝四郎	40	220
同村	庄次郎	2	11	同村	長左衛門	1	6
栗原村	常三郎	1	6	同村	仁平	26	143
佐下部村	丑吾	7	39	同村	新三郎	10	55
長畑村	文五郎	5	28	所野村猪ノ久保	嘉市	3	17
	権平	1	6	同村善法	庄三郎	3	17
倉ヶ崎村	與兵次	4	22				

（日光市　沼尾由之家文書）

筏乗りの服装は、船頭と似ており、長半纏《はんてん》に帯を締め腰ミノを巻いた。筏流しには危険がともない、本人はもちろん家で待つ者にとっても不安な日々であった。流域の村々とはしばしば対立し、自然、言動も荒々しくなった。豊岡・篠井地区（日光市）には、そうした厳しい状況を伝える筏節が残されている。

前は利根川　わたれば武蔵　ここは下総まつど（松戸）河岸　いやだいやだよ筏の小屋は大黒柱はふじの蔓　筏出てゆく女房がおくる　早くこいよと目に涙　口の悪いのは土方に船頭　それにつづくは筏乗り

（『豊岡村誌』）

松戸河岸は、江戸川沿いの河岸（良庵河岸）で船宿・旅籠が軒を並べ、飯盛旅籠もあって舟乗りたちの休憩地として繁盛した。なかには帰る途中、稼いだ金を散財してしまう者も少なくなかった。

筏流しの消滅

明治期に入っても筏流しは盛んで、「絹川共益組材木商仲間」や「鬼怒川西組材木商仲間」などの材木商仲間が結成された。明治三四年（一九〇一）、鬼怒川西組の定めでは、大渡村（日光市）の土場から東京までの川下げ運賃が筏一綱につき二七円から三〇円、上荷物は杉皮が一束につき四銭から五銭、薪が一束につき二銭五厘から三銭であった（表13）。それが同四五年に値上げされ、一綱が三五円から三八円、上荷物の杉皮が一束五銭から七銭、薪が一束三銭から七銭となった。

表13　明治34年の鬼怒川西組材木商取締筏川下げ運賃等の取決め

（木品運賃）	
杉　4分×5分板	14円～15円／1000枚に付き
松　5分板	20円～24円／同
樅　8分板	16円～17円／同
椴　4寸平割	1銭5厘～2銭／正味1挺
大貫	□～2銭／同、上り
中貫	1銭6厘～1銭8厘／同
3寸貫	1銭～1銭2厘／同
松　2間6.8	1銭～1銭4厘／同
松　1間敷居	1銭5厘～2銭／同
栗　1寸板	3銭～3銭5厘／同、1枚上り
桜　1寸板	3銭5厘～4銭／同
樫　板割糸間	5銭～5銭5厘／同
松角　尺〆	18銭～20銭／1本に付き
松角　尺〆	12銭～15銭／同
檜角　尺〆	13銭～16銭／同
栗角　尺〆	14銭～17銭／同
杉　根伐	2銭～3銭／同
松皮　剥分	2間～3間／1銭に付き
板角　1駄	5銭～6銭／1厘に付き
（筏川下運賃）	
大渡土場より東京迄	筏1綱に付き　27円～30円
（上荷運賃）	
杉皮	1束に付き　4銭～5銭
薪	1束に付き　2銭5厘～3銭

（日光市　木村義郎家文書）

しかし、鉄道の開通とともに鬼怒川の舟運や河岸は衰退し、筏流しも姿を消すのであった。

筏流し用語

筏組立／筏に組むこと。板・貫（厚さ三分程度の薄くて幅の広い板）・角（四角にされた材木）・小割（幅一寸前後の角材）・丸太（皮をはいだだけの丸い木材）・平割（幅が厚さの四倍未満の挽き割類の中で横断面が長方形のもの）・竹など、多様な木品が筏に組まれた。

敷《しき》（鋪）／筏一組のこと。鬼怒川通り上川《かみかわ》では、幅六尺・長さ一二間・二人乗を一敷、これを四敷にして一綱《つな》と呼んだ。『豊岡村誌』では、二間の材木を幅七尺にし四段に積み重ねて一編《へん》、これを六編にして一枚とか一ぱいと呼び、六ぱいにして江戸へ川下げしたという。

土場《どば》／伐木を筏に組む場所。鬼怒川通りでは高徳・籠岩・針貝などに設けられた。粟野地域（鹿沼市）では敷場《しきば》といった。

深川木場／元禄期、江戸深川に材木市場が設置され、多くの材木問屋が軒を並べた。

上ぼね小屋／筏の上に作られた筏乗りの小屋。

藤蔓／筏組立てに使われた藤の蔓。

管流《くだなが》し／上流で伐木された木は、増水期や水を溜めた堰を切って川下げされた。角流《かくなが》し。粟野地域では堰のある所を堰場（筏堰）、材木置場を木置場（伐木置場）と呼んだ。

筏荷物／筏に上乗せした荷物。上荷物《うわにもつ》。

川仕舞《かわしまい》／川下げ終了の四月。上川では七月より十二月までに筏を組立て、七月朔日（正月か）より三月晦日まで川下げされた。川下げは、田畑への用水期を避けて行われた。

筏改所／筏の通行改所。運上金（口銭・冥加金など）が徴収された。鬼怒川通りには、宇都宮藩が上平《うわだいら》（一時佐倉藩領）・阿久津・汗《ふざかし》の三か所に設けた。利根川通りには木野崎（千葉県野田市）にあった。

手形／領主が発行する筏の員数（数）・目銀（手数料）を書いた証文。小手形。川通手形。

川筋通り御証文／宇都宮藩の発行する筏の通行証。川通り筏証文。上平と阿久津の河岸から発行された。日光領から出される竹木の宛名には「上平村名主・阿久津河岸問屋」と書かれた。

川下げ証文定願人／川下げ証文の代理発行人。川通り証文定願人。筏定願人・定願人仲間。

筏銭《いかだせん》／筏代。筏の通過料。
冥加銭《みようがせん》／領主への上納金。
口銭《くちせん》／河岸問屋への手数料。
筏宿／筏乗りが筏改めや組替え・通行待ちのために宿泊する宿。
筏乗り／筏を操る人。筏師《いかだし》（士）。農間稼《のうまかせ》ぎの百姓が多い。他に筏流しに関わる人としては木挽《こびき》（木材を大鋸で挽く人）・杣取《そまとり》（伐木をする人）・ふじたち小手間取り（藤の蔓を取る人）・駄賃附（伐木の運搬者）がいた。
御用木／領主伐木の木。御用炭は領主へ納入する炭。
百姓林／百姓所有の木。
立山《たてやま》／領主が狩猟や伐木などを禁じた山。御制木。
御免木《ごめんぼく》／日光領で飢饉救済のため許可した伐木。お救い木。
山家《さんか》／宇都宮藩から山家役（山家人足）を課された高原山麓二四か村。東・中・西の三組に分け、全体を「山家役二十四か村」と呼んだ。
売木人仲間《ばいぼくにん》／江戸中期以降、鬼怒川などの川筋ごとに結成された売木人の株仲間。
長廻り《ながまわ》／鬼怒川を下った船や筏が利根川を関宿まで遡上し、江戸川に入って江戸に至ること。

江戸本所南側組合／江戸本所にあった材木問屋組合。後に川辺一番組問屋と称した。

二　河岸と舟運

河岸と問屋

鬼怒川には多くの船が航行し、流域には荷を上げ下ろしする河岸が発達した。慶安四年（一六五一）に作成された道帳「下野一国」には福良・中嶋・吉田・柳林・石井・道場宿・板戸・上阿久津・下小倉・逆木川口の一〇河岸が記されている。

衣川舟道《ふなみち》

一　舟道十二里十七町、下総国と下野国境中川原村より宇都宮領

一　下総国境中川原より福良村かし迄　十一町二十間

一　都賀郡福ら村かしより中嶋かし迄　十一町

一　同郡中嶋村かしより吉田かし迄　一里十九町四十間

一　同郡吉田かしより柳林村かし迄　二里二十二町三十間

一　芳賀郡柳林かしより石井村かし迄　二里十八町

一　河内郡石井の村かしより道場宿村かし迄　三十四町
一　同郡道場宿村かしより板戸かし迄　一里一町
一　芳賀郡板戸村かしより上阿久津かし迄　一里二十五町三十間
一　塩谷郡上阿久津村かしより下小倉村かし迄　一里十八町
一　下小倉村かしよりさかさ木川口まで　一里十六町三十間

（『下野一国』）

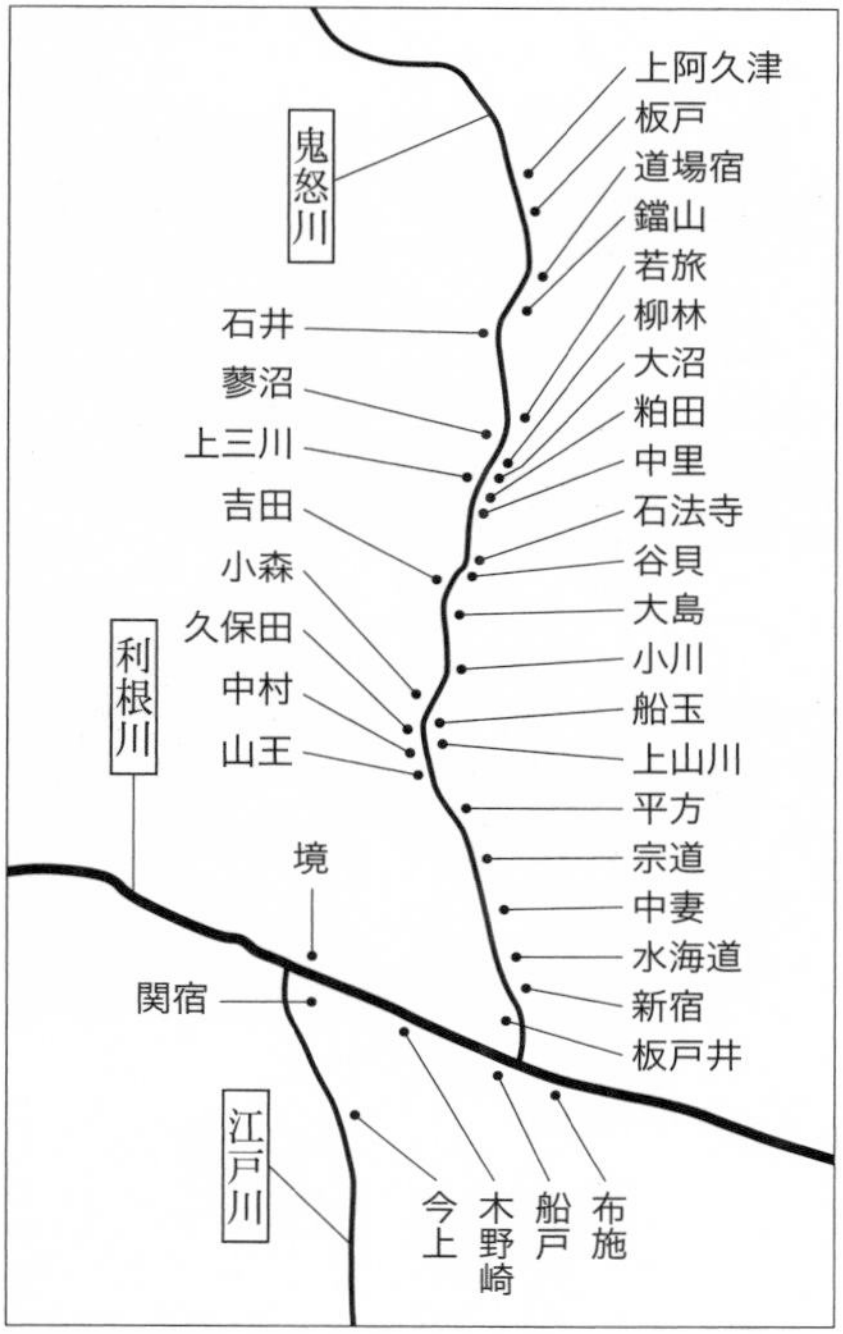

図3　鬼怒川の河岸

元禄二年（一六八九）、幕府は関八州の河岸を取調べ、翌年、各川筋について七四河岸を公認した。鬼怒川筋は一五河岸を数え、うち下野国の河岸は阿久津・板戸・道場宿・柳林・大島の五河岸で、これらを

阿久津河岸（谷文晁画、『日本図会全集』）

「古来の河岸」と呼ぶ。さらに安永三年（一七七四）、石法寺《いしほうじ》・上大沼・大沼・粕田・中里・若旅《わかたび》・上谷貝・石井・蓼沼《たてぬま》・上三川・吉田の諸河岸が追加公認された。その後は、阿久津・板戸など鬼怒川の有力河岸による反対で新河岸の開設を阻まれたが、安政四年（一八五七）、在方商人の活動や宇都宮藩の国策政策を背景に、上平・西船生の二河岸（塩谷町）が開設された。これらのうち阿久津・板戸と傘下の道場宿・鐺山・石井・柳林・粕田の河岸を七河岸と呼ぶ。また河岸の位置から川東筋《かわひがし》（川東通り）と川西筋（川西通り）に区別され、多くが川西筋である左岸に立地した（図3）。

河岸は、河岸問屋（船積問屋）や船割元・河岸目付・船肝煎《ふなきもいり》によって統轄され、船頭や小《こ》揚《あげ》・水夫《かこ》・軽子《かるこ》などの人足たちが労働に従事した。河岸問屋は、広大な敷地と多数の荷倉・倉庫・手船・廻船を所有し、船積み・荷揚げ荷主からの運賃徴収、船主や馬方への支払い、運上金の納入などの業務を担当した。阿久津河岸の若目田家、板戸河岸の坂本家が知られ、河岸の営業権である河岸問屋株を所有し、土地の免租・船打立金《ふなうちたてきん》（新船建造費）の貸与、新規の河岸・問屋の否定権など種々の特権を有した。

船の種類と船数

寛政二年（一七九〇）三月二二日、秋田藩御用達の津村淙庵《そうあん》が秋田から江戸へ帰る途中下野国を通り、阿久津河岸から船に乗り、道場宿・粕田・吉田河岸を経て下総国に至った。その船旅の様子を次のように書いている。

四日、あかぼし（明星）とともにいでゝ、南ざま（南方）に半道ばかりゆきて、木造の舟わたりする川下に出て、あく津（阿久津）にいたる、ふなよそ（船装）ひするほど明はてぬ。舟入出きて舟とゝの（整）ひつといへば、川辺に至りて見るに、ふねは皆うすき板もてつくりたるものなり、人々はたご（旅籠）ときおろし、のりものかき入てのりつ。こ（漕）ぎいづるほど、しばし舟のそこ瀬にあたりてなづ（泥）むを、舟人をりたちて引こし棹をさしやりつれば、ふねめぐりてふかみにうかびいでぬ。やをら波にきをひて船のはやき事矢をゐ（射）るがごとし。さう（左右）のきし、めもとゞあへず、岩ほ（巌）せきあひたる所は水ことにはやし。岸のゆくかといへるから歌も思ひ出られて、まことにさなんおぼ（覚）ゆ。朝日さしいでゝ浪にうつ（映）ろふほど、水のあや光あひたるいはんかたなし、ふな人かぢ（舵）をあやとりつゝ、なが（流）れにしたがひてくだる。雪げ（雪消）の水そひたれば、おもふまゝにくだりゆく。しがらみ（柵）をこへてゐぐい（堰杙）にあたる浪、玉をくだき、あまりに早く過るほどは、河水もさかしま（逆しま）にながるゝやうにおぼゆ。きしのはにふ（埴生）に船かけてゐたる釣人、鮎かへなどいふ。よびよ（呼び寄）せてもとめつ。川洲の鳥鳴かはし、又はかけりゆくもあり。西はとをう、河原につゞきて、いづことも見へわかず。東は村ばやし岡畑などきしつゞきに見ゆ。又は高き岸陰をすぎ、あるはいさご（砂子）ながうつゞける堤にむかふところもあり。何にあらん。しろき花の木たかく咲たるが、風にふかれて、ちりうかびながれもやらでかへりくる。藤の盛なる陰などいと興あれど、しばしもとゞまりあへずゆく。川瀬水にわかれてなが

阿久津付近の帆船（『氏家町史　上巻』）

れたるが、こゝに至てひとつに落合たれば、川つら（川面）広うなりて浪もおだやかになりぬ。道成（道場）宿といふ所に、ふるき城跡のたかき岡に見ゆるあり。結城の軍のおり（折）など、かまへたる所にや。川おれまがりて東は又へだゝりて見えず。西はちかく岸にそひてくだる、簗うちたる所あり、木しげき森おほし。ところの名もし（知）らまほしけれど、舟人棹とるひまなければとはですぐ。東の岸にこて山（鐺山）といふむらあり。西にむかひてしらつち（白土）ぬりたる家ども、はるかに見ゆ。やがてこゝにさしよせてやすらふ。石井村といふところにて、舟人のよろづの用とゝのふ所とぞ、しばし

石法寺付近の帆船（栃木県立文書館寄託　野澤崇晶家文書）

ありてこぎいでたるに、くだる舟ははしるやうなるに、あはせてのぼる船はおりたちおしやり、つなひきくるさま、いとたゆ（揺）げにみゆ。西にまた村みゆ、三本木といふ所なり、又すこし行て舟わたしする所あり、はすだ（粕田か）のわたりとて、くげた（久下田）・もうか（真岡）などへ通ふ道なりとぞ、過行まゝ川せば（狭）くなりて、水の色あおう、いとふかし、舟の行ことおそくなりぬるに、南の風さへ吹いでたれば、いとゞしくなづ（泥）みて舟人かぢ（舵）とるひまなし、帆をあげてのぼりくる舟見ゆ、にしの方に遠く立つゞきて柳のみしげりたる所あり。その末によし田(吉田)といへる家居ある所に、舟とゞめて人々おりた(降り立)ち、昼のかれゐ(餉)くふ。(かひえし鮎てうじてたぶ)かくて此きしをはな(離)れゆけば、川のおもてうたゞひろうなりて、ながるゝともおぼえず。東にわかれてながれ行ば川あり、下妻のかたへお(落)つるといふ。川瀬にをりたちて釣りする人あり。のぼりくる舟の帆影ゆるらかに、引つゞけたるもあまた見ゆ。川のほとりにまさご(真砂)あつめて山のごとくつみたる所あり。籠をふせて石をこめ、ながれをせく所あまたみゆ。にはたゝき(庭叩き)洲におりゐ、鶯の声はるかに聞ゆ。人々皆昼ねしたるに、かぢ(舵)の音にめざめて行末いかばかりぞとゝへば、今は二里にちかく侍りと舟人こたふ。西にあたりて、はるかに家居のみゆるは、ゆふき(結城)の城下なりといふ、舟の道十三里を四時ばかりに過てひつぢ(未)すぐる頃、下総のくぼた(久保田)といふ所につきぬ。ここにてはたご(旅籠)の馬のり物のかち人(徒人)などとゝのへつゝ、さかひ(境)までといそぐ。此里船のつどふ所にて、家居もつきなからず。

(「雪のふる道」『日本庶民生活史料集成　第二〇巻』)

淙庵の乗った船は、「皆うすき板もてつくりたるものなり」とあるから部賀船か小鵜飼船であろう。どちらも小形の平底船で荷物のほか旅客を乗せた。途中、川を遡って来る曳船《ひきふね》や帆掛け船に出会った。その後、淙庵は、久保田河岸（茨城県）で下船し陸路境河岸（茨城県）に向かった。

一方、鬼怒川は、久保田河岸付近からは水量を増し、大形の高瀬船や艜《ひらた》船が就航していた。荷物は、ここで大形船に積み換えられて鬼怒川を下り、利根川に入って関宿まで遡行し、江戸川に入って江戸へ運ばれた。小鵜飼船の場合、船一艘で米二五俵から二七俵、筏薪は九〇束、役炭は九〇俵を積載した。高瀬船は、一艘で一五〇駄を積んだ（「宇都宮記」）。

表14　元禄14年の鬼怒川通り河岸の船数（艘）

河岸名	船数（新船）
板　戸	58 (5)
道場宿	39 (4)
石　井	41 (4)
下岡本	77 (4)
苅沼新田	12 (0)
上桑嶋	14 (0)
下桑嶋	3 (0)
下平出	14 (1)
柳　林	4 (0)
計	262 (18)

※船運上は1艘に付き1分2朱、新船・持絶分あり
（『栃木県史　史料編　近世三』から作成）

河岸の船にはすべて極印《ごくいん》が押され、徴収された船運上は幕府に納められた。元禄一四年（一七〇一）、板戸河岸の統轄する九河岸の船数は二六二艘、ほかに新船があった。船運上は一艘につき一分二朱で、持絶《もちだえ》（廃船）となった舟も運上金の一部を納めた（表14）。また正徳元年（一七一一）、板戸河岸ほか六河岸の所有する船数は二一七艘、船運上金は約八五両（一艘につき一分二朱）であった（表15）。

川船は、夜明けの一番鶏《とり》の鳴くころ出帆して川

表15　正徳元年の鬼怒川通りの船運上金

河岸名	金額（両-分-文）	船数（新船）
板　戸	19-3-272	49（5）
道場宿	19-0-500	48（1）
石　井	12-3-772	32（4）
下岡本	25-3-872	69（1）
莇沼新田	2-3-872	7（1）
下平出	4-2-372	12（0）
計	85-1-?	217（12）

※船運上は1艘に付き1分2朱、新船・持絶分あり
（『栃木県史　史料編　近世三』から作成）

を下った。夜船は禁止され、船乗りは顔見知りの家の納屋や船宿に宿泊した。船には帆・櫓《ろ》・櫂《かい》・碇などの船具と船箪笥・柳行李とわずかな着替えが積み込まれた。ほかに炊飯用の七輪・土鍋・土瓶・湯飲みや判取帳・送状・針糸などの小物が積まれ、水上の生活はいたって簡素であった。服装は、波千鳥や帆・竜などの文様を施した裏表なしの刺子《さしこ》の長襦袢《ながじゅばん》（「吹き流し」）と腹掛けといった恰好で、饅頭傘《まんじゅうかさ》を被り、下半身は六尺ふんどし一本と足半《あしなか》だけであった。冬でも「ヒッツネ」のほかは身につけなかった。「竿は三年、櫓は一年」といって、船頭の竿の使い方は難しく、小さい時から小若衆（子ども）を乗せて、船上の雑事や曳船などをさせながら覚えさせた（『氏家町史　民俗編』）。

廻米と諸荷物

阿久津河岸（さくら市）は、慶長期（一五九六～一六一五）に開設され、会津街道や奥州道中から運ばれる東北諸藩の廻米や商品を江戸に輸送して繁栄した。会津藩の廻米は、原街道や会

津中街道・会津西街道（明治以降の呼称）を使い阿久津河岸まで駄送された。特に原街道と会津西街道が使われ、会津西街道は御廻米南山通《みなみやまとお》りと呼ばれた。河岸には、会津蔵をはじめ白河蔵・宇倉《うぐら》（宇都宮藩）・漆倉・煙草倉・塩倉など多くの倉庫が立ち並び、船宿・筏宿・安宿・馬宿・牛宿も作られた。会津藩だけでも二万五〇〇〇俵から三万俵の米が阿久津河岸から江戸へ廻送されたという（『会津若松市史』）。問屋である若目田氏は、奥州諸藩から廻米方役人として俸禄を与えられ、小吟味役や郷士的な待遇を受けた。

板戸河岸（宇都宮市）は、開設が慶長三年（一五九八）とも同一四年ともいわれる。板戸村は黒羽から奥州棚倉（福島県）へ向かう関街道の基点にあり、白河・二本松・森山・三春・棚倉・大田原・黒羽・烏山など諸藩の廻米がここから江戸に運ばれた。会津藩は、この河岸に間蔵を建て船打立金を貸与して支援した。

石井河岸（宇都宮市）は、江戸まで四七里と近距離であることから宇都宮藩米の津出しに使用された。元禄一四年（一七〇一）の船数は四一艘、船肝煎が二人いた。そのほか柳林・久保田両河岸は、黒羽藩の廻米や味噌・薪炭などの商品輸送に使われた。

河岸には廻米のほか各地から多様な荷物が運ばれ、江戸へ送られた。阿久津河岸からは、上り荷として商人米・大麦・小麦・大小豆・紅花・藍・漆・塗物・白苧《しらそ》・青苧《あおそ》・たばこ・附《つけ》木《ぎ》・醤油・酒・真綿・木綿・絹糸・竹・板貫・薪炭・縄・筵などが川下げされ、帰り荷（下り荷）には塩・砂糖・〆粕・太物・農工具・小間物・日用品などが運ばれた。また、板戸河岸からも商人米・大豆・小豆・大麦・煙草・蝋・紅花・苧《お》・荏《え》・紙・真綿・綿種・塗物・酒・醤油・炭・薪・板貫・小羽板・縄・筵・薬などが江戸へ運ばれ、帰りには塩・茶・干鰯・〆粕などが積まれて戻った。表16は、天保一三年（一八四二）の板戸河岸の諸荷物をまとめたものである。文政五年（一八二二）、板戸河岸の問屋株は坂本家から他へ譲渡され、総船数も二八艘（内、小鵜飼船一八艘）と減少させたが、

表16　天保13年の板戸河岸の諸荷物

品　名	数量(駄-分-厘)
[船下げ]	
御廻米	
会津肥後守	40-0-0
大久保佐渡守	371-5-0
下島主税	26-0-0
花房平左衛門	15-0-0
小林金右衛門	39-0-0
大久保忠三郎	29-0-0
今　泉	31-0-0
小計	551-5-0
小造煙草	869-1-0
切粉煙草	157-3-0
草造煙草	193-2-2
館煙草	10-4-4
生　茶	34-0-0
下駄甲	3-1-6
棒　鍬	23-4-0
茶　荷	51-8-3
塗	21-0-0
糸　荷	66-0-0
紅　花	41-0-0
水　油	73-0-0
諸荷物	44-1-6
小計	2167-4-1

品　名	数量(駄-分-厘)
炭	2468-7-3
杉　皮	140-5-0
附木駒	45-7-5
挽　木	284-9-3
柏　皮	21-6-6
才真木	33-6-2
柾　板	11-8-3
小計	3006-5-6
[登船]	
登塩荷物	206-2-5
[筏組下げ分]	
挽木	2256-2-5
桧車・竹・角	2400-0-0
小計	4862-5-0
合計	10763-3-8

※村方総船数28艘所持の分、内小鵜飼船18艘
※株御運上永201文2分、荷口銭銭22貫642文（往古1駄に付き銭1貫文）
（『栃木県史 史料編　近世三』から作成）

烏山藩・会津藩などの廻米のほか煙草・炭・挽木《ひきぎ》など諸荷物が輸送され、上り船では塩などの荷物が運ばれた。

川下げ船賃

川下げの船賃は、万治四年（一六六一）の場合、阿久津河岸から久保田河岸までは米・たばこが一駄につき八五文二分で、油荷物・紙・炭等はそれより二駄増し、小俵（四斗入りの米）は一駄下げとされた（表17）。その後、宝永元年（一七〇四）に船賃が改定され、享保一〇年（一七二五）には値上げされた。

同年の改定は船賃が荷物ごとに細かく定められ、板戸河岸から久保田河岸までは高荷（坂下蝋・

表17　万治４年の阿久津河岸より川下げ船賃（米・たばこ）

行き先	船賃（文-分-厘）／1駄
吉田・谷貝・若旅	67-5-8
中嶋	72-6-0
次郎左衛門	75-3-8
五か所	78-4-0
久保田	85-2-0
山王・山川・中村	93-3-1

※油荷物・紙・その他荷物・高荷の分、炭４つ付けは、たばこの２駄上り、４斗俵より内は本俵の１駄下り

（『栃木県史　史料編　近世三』から作成）

表18　享保10年の坂戸河岸船賃定（1駄に付き）

行き先	高荷	紙荷	大俵	米荷物
小森・小川・福良・川嶋・久保田	77	77	68	63
吉田・中里・柳林・谷貝	73	57	53	50
山川・山王	118	118	94	85

※1駄あたりの蔵敷は４銭　（『栃木県史　史料編　近世三』から作成）

塗物・青苧・白苧）・紙荷が七七文、大俵《おおだわら》（たばこ）が六八文、米荷物が六三文となっている（表18）。ただ、御用荷物を江戸まで直接運ぶ時（直積《じきつみ》）は、大船運賃が一駄につき米は銀二匁一分、材木・板貫が銀二匁二分、炭薪は銀二匁三分であった。

新河岸の開設

新河岸の開設は、既存の有力河岸の反対によって長く実現されなかった。一方、鬼怒川支流の一つ田川は、日光付近に水源をもち、篠井・徳次郎から宇都宮城下を流れ、上三川・南河内・小山を通って茨城県内で鬼怒川に流れ注ぐ。古くは宇都宮明神や諸寺院の普請用材を小袋河岸に運び、また、水戸方面からの物資を押切河岸に陸揚げした。城下近くには、北河原水車・仙波水車・小袋町水車・八日市場水車・下河原水車など水車堰が数多く作られ、流域には七河原、八河原の名所も見られた。その水運を使って、今市・鹿沼方面の物資を輸送しようとする計画が立てられた。正徳二年（一七一二）・享保一二年（一七二七）・安永七年（一七七八）に河岸開設の願いが出されるが、いずれも鬼怒川有力河岸の反対で阻まれた。そうしたなか寛政六年（一七九四）、姿川に幕田河岸が開設されたが、それに続く河岸はなく、安政四年（一八五七）にようやく上平・西船生（塩谷町）両河岸が開設された。

上平河岸のある上平村は、水戸から日光に至る物資の中継地で、鬼怒川の渡しには仮橋も架けられていた。宇都宮藩は、早くからここに鬼怒川川下げのための竹木改場（上平関所・一の関）を設けた。元和期（一六一五～一六二四）、上平村と大宮村の庄屋を関守にして、日光造営のための竹木を高原山周辺から伐り出し川下げをした。しかし、小規模の舟運も認めたため、下流の阿久津河岸とは争論を繰り替えした。明治期には、小林村（日光市）ほか八か村による東京廻米津出の河岸となり、久保田河岸まで廻米輸送された。

西船生河岸は、上平河岸の北にあり、鬼怒川最上流に位置する。河岸の開設によって商品流通の活発化が期待され、高原山麓材木の江戸供給や会津地方の廻米・材木・炭の移出、同地方への安価な塩の供給などが可能となった。このうち材木は、国産方世話人の斎藤家によって江戸へ輸送され、炭などは宇都宮城下や石井河岸に出荷された。

舟運の終焉

明治期、新たに大久保・押上・上小倉・上桑島・三本木などの河岸が開設され、舟運はさらに活気を呈した。しかし、鉄道の開通により船の役割は少なくなり、それとともに各地の河岸は衰退に向かった（表19）。なお、明治八年（一八七五）、陸運会社は内国通運会社と名称を改め、日光街道や中山道などの長距離馬車輸送をはじめた。さらに利根川筋の河川交通にも着目し、同一〇年、蒸気船の第一通運丸を試運転し、全盛期には二六隻を就航させた。通運丸は、船の中央に煙突を出し、両舷の大きな車輪を回転させて進んだ。栃木県では馬門（佐野市）、後に笹良橋（栃木市）を停船所とし、正午に出航して高取・底谷・古河等を経て、約一二時間をかけて東京両国に着いた。しかし、この汽船が鬼怒川上流に就航することはなかった。

表19　明治6年の鬼怒川通りの河岸場

河岸名	東京までの里程
上平	53里
氏家	50里
上阿久津	49里
宝積寺	48里
道場宿	47里
板戸	47里
石井	46里5丁
鐺山	46里
下篭谷	43里18丁
三本木	42里
上大沼	42里
大沼	42里
中里	41里18丁
吉田	38里
福良	36里
上小倉	53里18丁
下小倉	52里
押上	52里
東蓼沼	42里21丁
若旅	41里
上谷貝	40里30丁
柳林	42里18丁
大島	38里18丁

（「明治6年 栃木県一覧概表」から作成）

河岸／船荷を上げ下げする河港。川岸。天保一四年（一八四三）から一〇年間、問屋株が差止められた間は河岸場とよばれた。鬼怒川筋では、河岸の位置により川東筋（川東通り）、川西筋（川西通り）に、輸送手段により筏河岸、船積河岸、船積・筏河岸に分ける。阿久津・板戸・道場宿・石井・鐺山の五河岸は船積・筏河岸の例。

御用《ごよう》河岸／領主が使用する河岸。宇都宮藩の阿久津・板戸の河岸など。

七河岸／阿久津・板戸と傘下の道場宿・鐺山・石井・柳林・粕田の五河岸をいう。

古来の河岸／元禄三年（一六九〇）、幕府によって公認された河岸。阿久津（遡航終点）・板戸・道場宿・柳林・大島の五河岸。さらに明和・安永期の河岸吟味で石井・鐺山《こてやま》・石法寺・蓼沼・上三川・大沼・粕田・中里・若旅・吉田などの河岸が公認された。

河岸二か所／阿久津と板戸両河岸。板戸河岸は一時一橋領となった。

出河岸《でかし》／流路の移動により従来の荷揚場・荷置場・帳場を移して造られた河岸。鬼怒川筋の鐺山・石法寺・粕田・女方《おざかた》などに見られる。

河岸問屋／河岸の荷物を扱う運送業者。ほかに船積問屋・舟問屋・積問屋。問屋株が差

利根川をゆく高瀬舟（「日光道中細見図」部分、栃木県立博物館所蔵）

止められた間は河岸場船積稼ぎ・河岸場稼人とよばれた。免租地・船打立金（新船建造費）貸与等の保護を受け、新河岸・新問屋の否定権など特権をもった。

河岸問屋株／河岸問屋が持つ職業・営業上の特権で売買・譲渡もされた。

船問屋株運上／船問屋が幕府に納める運上金（営業税）。鬼怒川筋では安永三年（一七七四）または同四年に決定された。

口銭《くちせん》／手数料。問屋の収益。荷口銭。

庭銭《にわせん》／蔵敷銭。問屋の収益。

船運上／船主が領主に納める運上金。

船改め／船に極印が押され、船運上を徴収された。

上り荷／江戸から輸送される荷物。江戸向けの荷物は下り荷。

河岸分け／下り荷の後方地域（発送地域）を河岸で区分すること。

抜け荷／定められた輸送路をとらずに運ばれた荷物。

廻米／江戸へ廻送する年貢米（蔵米・城米）や商人米（納屋米）。

津出し／宿村の郷蔵より年貢米を河岸まで搬出すること。宿村から五里以内の駄賃・船賃は農民負担、それより遠方へは五里外《ごりがい》駄賃が出された。

大廻し《おおまわし》／鬼怒川・利根川・江戸川のN字型の流路を舟行すること。江戸直積《じきづ》み。川船の舟行日数がかなり長くなった。久保田河岸などで舟荷を陸揚げし、陸路境河岸に行き、再び船積みして江戸まで運ぶと輸送日数は二日短縮することができた。

中請積換《なかうけつみかえ》／上川舟の船荷を積載量の大きい下川舟に積換えすること。その河岸を中請積換河岸とか船貨積換港とよぶ。鬼怒川筋では、初期の下総国山川河岸、後の久保田河岸など。また、上川からの数枚分の筏がここで一枚に組換えされた。

上川《かみかわ》／中請積替河岸の上流部。上川筋の河岸を上川河岸、その船問屋を上川問屋、ここを輸送する小舟を上川舟とよんだ。反対に中請積替河岸の下流部を下川といい、下川河岸、下川問屋、下川舟といった。

みお（澪・水尾）／船の通行に適した水深のある所。みよ。

用水堰／田畑・水車の用水を取るための堰。

川除柵／水害を避けるために作られた杭木。流路が移動すると船道に残され舟行の妨害となった。

御普請所／幕府・領主が人足扶持米や資材を出して川除普請を行う所。

川浚い／水の流れをよくするため川底の土砂や洲を浚うこと。

簗（梁）／川の瀬に作る魚取りの仕掛け。簗場。

川船／船問屋・有力船持・船持船頭の所有する船。特に船問屋の所有船を手船《てぶね》といった。

小揚《こあ》げ／荷物の上げ下げに従事する日雇い人夫。軽子《かるこ》。

船頭／船を動かす者。水主《かこ》。

部賀船《べかぶね》／薄板で造られた小形船。船の中央には帆

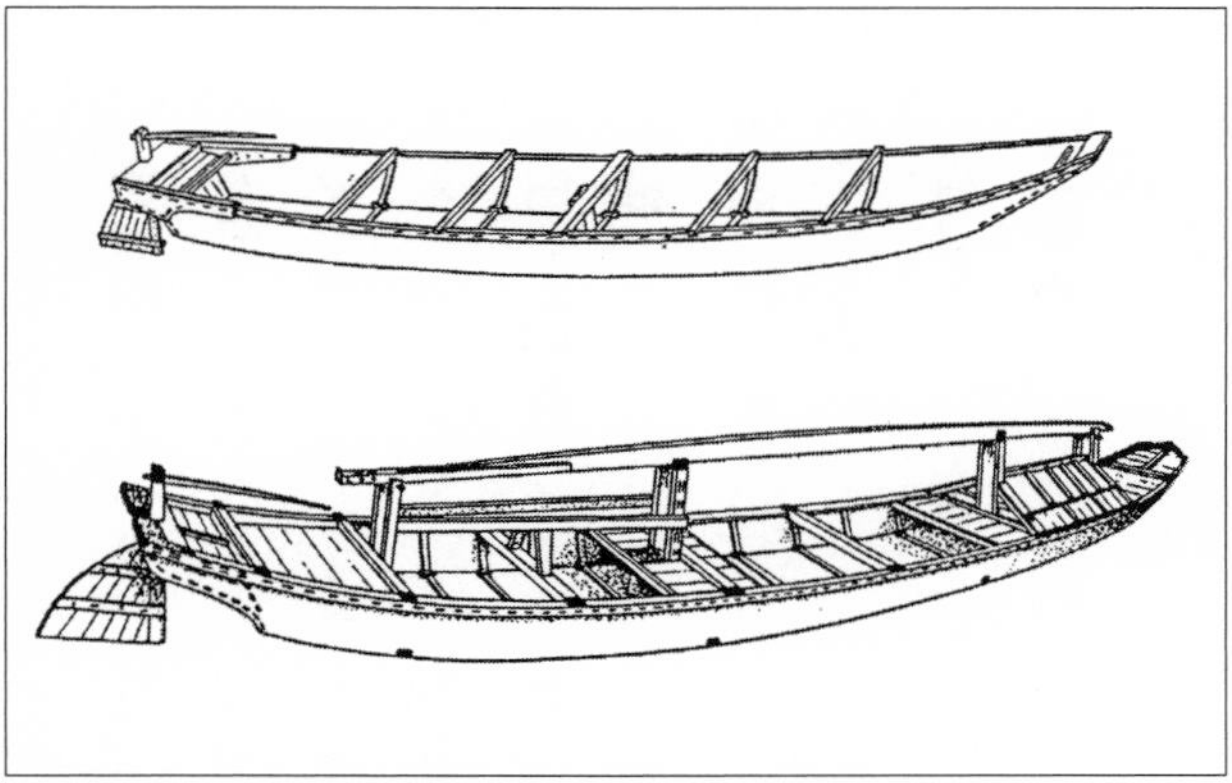

部賀船（上）・高瀬船（下）（『国史大辞典』 5巻）

桁があり帆を張ることもできた。渡良瀬川・思川・巴波川でも使われ、都賀《つが》船ともいう。

小鵜飼《こうかい》船／吃水《きっすい》の浅い軽量小形の平底舟。

高瀬船／舳先《へさき》が高く上がり底が平らな小形船。阿久津・板戸河岸から積み出された諸物資は久保田河岸（茨城県）で四〇〇石積みの高瀬船に積み換えられた。渡良瀬川筋では大舟・房丁《ぼうちょう》舟と呼ばれた。帆走《はんそう》、また曳船《ひきふね》もできた。

平田船（艜《ひらた》船）／吃水が浅く、底の平たく細長い船。大型船として旅客の輸送に用いた。

出船／出航。時間は一番鶏の鳴く未明。

曳船／江戸からの帰り舟は、帆を使ったり、水夫二、三人に綱で曳かせた。曳船を曳く道を綱手道《つなでみち》という。

渡船場《とせんば》／渡し船のある所。

渡し守／渡し船の船頭。

吊橋と舟遊び（日光市小佐越付近、筆者蔵）

三　渡船と架橋

人びとは、鬼怒川を渡ろうとすれば、橋や船を使うか、徒渉《かちわたり》（渡渉）をしなければならなかった。奥州道中の氏家宿から白沢宿（宇都宮市）に至る阿久津の渡しは、奥州や下野北部の大名たちが参勤交代のため頻繁に利用した。渡船の期間は、豊水期の三月一日から十月晦日までで、渇水期の十一月から二月末日までは仮橋が架けられた。橋の側には渡船料を書いた高札が立てられ、文政一〇年は、一人一〇文、本荷一駄（口とり共）一五文、軽《から》尻《じり》馬一疋（口とり共）一二文を徴収された。

付近は、普段は三〇間程（約五四メートル）の川幅であるが、出水すると八町（約八七〇メートル）にもなり、しばしば川留になり、白沢宿や氏家宿に足留めされた。享保六年（一七二一）の出水では渡し船が転覆して多くの犠牲者を出した。

高徳（日光市）の渡しは、会津西街道沿いにあり、「下野一国」には「広サ四十間、ふかさ七尺、船渡り」とある。嘉永五年（一八五二）、吉田松陰が奥州から帰る途中この渡しを利用した。

四月朔日、晴、高原を発す、嶺を下ること三里、駅あり、藤原と為す、澗流《かんりゆう》の源を嶺に発するものここに至りて、稍《やや》大、即ち絹川なり、大原・高徳を経て、乱山始めて尽く、路皆澗流と甚だしくは相遠からず、高徳を過ぎ、舟にてこれを横絶る、此れより二荒の社領たり

この渡船場は、出水のたびに移動し、明治期には字船場上となった。冬の渇水期には土橋が架けられ通行ができた。付近はヤモ・イワナ・アユなどの川魚が豊富で、明治時代には皇太子の鮎狩りが二度に及んでいる。

石神の渡し（高根沢町宝積寺、『高根沢町史　別冊）

下流の大渡の渡し（日光市）は、日光北街道沿いにあり、奥州方面からの日光参詣や那須・塩谷方面の今市御蔵米の輸送など交通の要衝であった。元禄二年（一六八九）、芭蕉一行が通行した。曽良は、日記に「一里程有り、絹川をかり橋有り、大形の船渡し」と書いた。「下野一国」には「広サ四十間、水のふかさ七尺、船渡り」、また「会津道見取絵図控」には「河原の幅は九〇間（約一六二メートル）とあって、川幅が広かったが、渇水時には仮の土橋が架けられた。前絵図には、対岸の船生村船場（塩谷町）に舟小屋や水神碑が見られる。付近では簗漁が行われ、承応二年（一六五三）、簗場の権利をめぐって大渡村と塩野室村とが争い、簗場は塩野室地内とし、漁労は双方の入会で行うとした。

小林村（日光市）は、村の東を鬼怒川が流れ、対岸の上沢村《ふわさわ》（塩谷町）とは入会で川漁を行い、川原の秣場《まぐさば》は風見山田村（塩谷町）と入会で利用した。風見山田村には渡し（塩谷町）があったが、天明五年（一七八五）、洪水のため流路が変わり大久保知行所寄りとなったため小林村持ちの渡しとなった。那須・塩谷方面からの今市御蔵米輸送の要所であった。

石井の渡し（宇都宮市）は、宇都宮宿と石井河岸を結ぶ街道沿いにある。渡船場から鐺山（宇都宮市）に出て水戸北街道を進めば、笠間・水戸（茨城県）に至る。

明治六年（一八七三）、鬼怒川通りの渡船場は二一か所に増加し、渡船料は一人一銭と定められた（表20）。

表20　明治6年の鬼怒川通りの渡船場

高　徳	西舟生	宝積寺
中岡本	上　平	小　林
宮山田	芦　沼	今　里
下桑島	東　汗	本吉田
板　戸	道場宿	石　井
柳　林	上谷貝	大　島
竹下下平出	砂ケ原	風見山田

※一人の賃銭は1銭

（「明治6年　栃木県一覧概表」から作成）

第四章

川のめぐみ

一　川漁

鬼怒川流域は、魚類が豊富でヤマメ・イワナ・アカハラ・カジカ・ザコ（ウグイ・ハヤ）・アユ・ウナギ・ナマズ・マス・サケなどが捕れ、釣り・網・ウケ・ヤス・カギ・簗など種々の漁法で捕獲された。天保一三年（一八四二）、儒者の安井息軒《そっけん》が東北を旅し会津西街道を通行した。人びとが簗を作り黄魚《こうぎょ》を捕るのを記録している。

高徳の渡を渡る、土地の人が簗を作り黄魚を捕っている、黄魚は海に生まれて渓流で成長する、大きいものは先に立って遡り、水源に達すると止まる、そのため絹川の黄魚はとても美しい、大きいものは尺を踰える、渓谷を北に進み、漸く峡中に入る

（安井息軒『読書餘滴』原漢文）

黄魚は、アユのことで香魚とも書いた。簗漁のほか習性を利用し、ゴロタ網にグミの葉や笹の葉・ネコヤナギなどをつけて水中で驚かす「ゴロタ」「ゴロタピキ」と呼ぶ漁法で捕獲

ゴロタ引き漁（『上河内村史　上巻』）

した。鵜・烏などの羽や木片をつけた鵜縄《うなわ》を使った地引網漁も盛んであった。アユ漁は、昔から囮《おとり》を使った友釣りが知られる。この漁法は、天保の頃、銀一分の謝礼で当地に伝えられたという。宇都宮領では御用鮎として藩へ献上され、喜連川の宿では「あゆのすし」が名物であった（『諸国道中金の草鞋』）。『下野国誌』に国産名物として紹介されているのが「衣川黄骨魚《あいさ》」である。ウグイのことで、雄が生殖期に紅色を帯びることからアイセ・アイソと呼ぶ。投網《とあみ》などで捕獲するが、メスは新しい砂利石に産卵する習性から、セッカという人為的な産卵場所をつくって捕獲した。

秋になると鬼怒川にもサケが遡上し、これをシャケンボと呼んだ（『氏家町史　民俗編』）。ただ、川漁を専業とする漁師は見られず、多くは農民の農閑期の業であった。

二　温泉の湧出

鬼怒川上流には温泉が湧出し、湯治場を形成した。『日光山志』には「所々温液」として滝・川俣・湯西・日光沢の温泉が紹介される。滝湯は、現在の鬼怒川温泉、宝暦年間の発見とされ、温泉は滝村の共有で、経営（湯守）は宇都宮宿や今市宿の商人に委ねられた。契約料は六〇両、村に年二〇貫文から三五貫文、領主である日光山へは五〇貫文が納められた。川岸にある湯船や休所・道の普請は、湯守が負担した。文久元年（一八六一）、尊攘派の志士清川八郎が入湯し、「瀑（滝）湯に泊す、頗《すこぶ》る深僻《しんへき》なり、此の日炎熱により身体ほとほと疲る、ここに至り始めて清涼を覚ゆ」と「潜中紀事」に書いた。その後、川路湯にも入湯した。同三年、八郎は浪士組の結成に参加するが、この年暗殺された。川路湯は、現在の川治温泉で、享保八年（一七二三）の五十里洪水の際に発見されたと伝える。湯舟は男鹿川のほとりにあり、明治期には紀行作家の田山花袋が訪れた。

野趣溢れる温泉（日光市鬼怒川温泉川治、筆者蔵）

此の時不意に水聲に交りて、一曲の村歌の起るを聞く、怪《あや》しみて猶下れば、下なる浴槽に、一人の村嬢、年二八ばかり、今しも半身の裸体を出して、前なる渓流を見詰めつゝ、惜気《おしげ》もなく玲朧《れいろう》たる聲を、山水の間に朗詠してあり。あゝこの仙境！　我は絵画に於てすら、未だかくばかり美なる現象を見たる事無きを。

（田山花袋『日光山の奥』）

さらに上流川俣湯は、婦人病に効くとされ、二宮尊徳の報徳役所の女性たちも利用した。安政三年（一八五六）、安井息軒が入湯にここを訪れるが、出水のため目的を果たせず日光に向かった。湯西は、現在の湯西川温泉、尊徳が病気になった時、湯を樽に詰め役所まで運んだ。なお、明治期の番付「大日本帝国温泉一覧」には、瀧湯（ひぜん）・川治（やけど・きりきづ）・湯西川（せんき・じしつ・ひぜん）・川又（せんき・ふじんのやまい）と各効能が示されている。

三　景勝地

鬼怒川の籠岩は、巨岩が浸食作用によって籠をいくつも並べたように連なる。それも享保八年（一七二三）の五十里洪水によって景観を変えたが、その後も日光山の輪王寺宮が舟を浮かべ、老中水野忠邦や鈴木重嶺《しげね》・佐藤一斎が探勝に訪れた。

山なせる石どもさまぐ のかたち（形）したるあまた（数多）あり、そのひまをきぬ川の水たぎりおつるいきほ（勢）ひ岩をも動かすべうおぼ（覚）えて、いとかしこき早瀬なりけり、西の岸にやあらん莚《むしろ》百ひろ（尋）ばかり敷かるべきいはほ（巌）の水のおもてにのぞみたるあり、こゝにはあまた（数多）お（生）ひ茂りておのづからなる枝ぶりのをかしきさまなるに、さゝやかなるさくら（桜）二本ばかりおなじく岩のうへよりお（生）ひ出て、いまをさか（盛）りににほ（匂）ひ出たり、例の見過ごしがたくて「とはゞやな岩瀬におふる桜ばな　ちることがたき契りありやと」

（佐藤一斎「絹川花見乃記」）

支流大谷川に掛かる神橋は、神護景雲元年（七六七）、勝道上人一行を赤・青二疋の蛇が橋となって渡したと伝えられ、山菅《やますげ》の橋とか山菅の蛇橋《じゃばし》と呼ばれた。「枕草子」にも「山菅の橋名をききたるおかし」と記されている。しかし、庶民は通行ができず、直ぐ下の仮橋を利用した。日本三奇橋の一つで、乳《ち》の木（橋桁）を両岸より刎出して掛け、その工事は代々、山崎太夫（橋掛長兵衛）によって行われた。出水のためたびたび流され、寛永一三年（一六三六）に現在のような橋脚を立てる形に改造された。

さらに上流には、男体山の溶岩によって形成された憾満（含満）ガ淵がある。不動明王が現れる霊地とされ、付近には霊庇閣や並び地蔵（百体地蔵）が立ち並ぶ。元禄二年（一六八九）、松尾芭蕉もこの地を訪れ、さらに大日堂に足をのばした。

船魂神社（さくら市阿久津）

四　船《ふな》魂《たま》信仰

鬼怒川流域では、舟の安全無事を願い船魂（玉）様が信仰された。船大工や船持によって祀られ、船のこけら落とし（新造おろし）には船大工が帆柱下の神の座に、女性の持物やサイコロを「一天地六云々」と唱えながら納めた。また、船頭や船持・筏乗りたちは、河岸に船魂明神を祀った。上阿久津河岸の船魂（玉）神社は、境内を船型に模し、舳先の位置に神殿を構え、建物全体に彫刻・彩色を施した。惣船持中が奉納した手《て》洗《あらい》石には「船玉大明神」と刻まれ、扁額には「荒波神意静　鬼怒の瀬にたつあら波も船玉の　神心より静めしずめて」と歌が書かれた。御神体は、船を漕ぐ老翁像であったという。祭日の陰暦三月十三日と九月十三日には、船頭や筏師たちは舟行を休み船の無事を祈った。流域にはほかにも船の安全を願い、金比羅様や大杉様（アンバ様）が祀られた。（『氏家町史　民俗編』）

主な参考文献

本書の執筆に際しては、多くの史料・文献を引用し、あるいは参考にした。末筆ながら関係各位に謝意を申し上げるとともに、主な文献をここに列記する。

［単　著］

大谷貞夫『近世日本治水史の研究』（雄山閣、一九八六年）　大谷貞夫『江戸幕府治水政策史の研究』（雄山閣、一九九六年）　奥田久『内陸水路の歴史地理学的研究─近世下野国の場合─』（大明堂、一九七七年）　大谷貞夫『江戸幕府治水政策史の研究』（雄山閣、一九九六年）　丹治健蔵『近世関東の水運と商品取引　続々』（岩田書院、一九六一年）　大島延次郎『郷土史物語9　栃木の歴史』（世界書院、一九六一年）　錦石秋『晃山勝概』（一八八七年）

［自治体史］

『栃木県史　史料編　近世一』（一九七四年）『栃木県史　史料編　近世三』（一九七五年）『日光市史　史料編　上巻』（一九八六年）『日光市史　史料編　中巻』（一九八六年）『いまいち市史　史料編　近世Ⅲ』（一九七六年）『いまいち市史　史料編　近世Ⅳ』（一九七八年）『いまいち市史　史料編　近世Ⅴ』（一九八五年）『いまいち市史　史料編　近現代Ⅰ』（一九七四年）『いまいち市史　通史編　別編Ⅰ』（一九八〇年）『いまいち市史　通史編Ⅱ』（一九九五年）『佐野市史　資料編2　近世』（一九七五年）『河内町誌』（一九八二年）『氏家町史　史料編　近世』（二〇〇九年）『氏家町史　民俗編』（一九八九年）『高根沢町史　別冊』（一九九四年）『藤原町史　資料編』（一九八〇年）『藤原村誌』（不明）『豊岡村誌』（一九六五年）

［研究論文］
善積美恵子「手伝普請について」（『学習院大学文学部研究年報 14輯』、一九六七年） 平野哲也「地震湖に沈んだ村の災害対応―天和地震後の五十里村の生業と暮らしの再建」（『栃木県立文書館研究紀要 第17号』、二〇一三年） 拙稿「治水と民衆―日光領の川除普請を中心に―」（『日光学 第二号』、一九九七年）
［史 料（刊本）］
『栃木の水路』（栃木県文化協会、一九七二年） 『とちぎ歴史ロマンぶらり旅―道と水路を訪ねて』（下野新聞社、二〇〇四年） 『壬寅歳暴風雨記念写真帖』（内田書店、一九〇三年） 『旧日光神領区市町村合併記念総合要覧』「享保秘話 五十里湖洪水記」（下野新聞社、一九五五年） 『五十里湖水』（男鹿川河水統制既成同盟会、一九七〇年） 『田中正造全集 第十二巻』（岩波書店、一九七八年） 『日光叢書社家御番所日記』（日光東照宮） 『日本庶民生活史料集成 第二〇巻』「雪のふる道」（三一書房、一九七二年） 『国史大系45 徳川実紀 第8編』（吉川弘文館、一九八二年） 『徳川禁令考 前集第四』（創文社、一九九〇年） 『日本図会全集 第三期第一巻 日光山志・日本名山図会』（日本随筆大成刊行会、一九二九年） 『十返舎一九全集 第二巻』（一九七九年） 『日光道中分間延絵図 第五巻』（東京美術、一九八八年）
［史 料（原本・写真帳）］
【栃木県立図書館所蔵】「明治6年 栃木県一覧概表」／「日光道中略記」 【栃木県立博物館所蔵】 柴田豊久家文書 【栃木県立文書館寄託】 大島延次郎家文書／野澤崇晶家文書 【日光市歴史民俗資料館所蔵】 渡辺英郎家文書／秋元正俊家文書／大貫貞二家文書／江連 浤家文書／星常夫家文書／木村義郎家文書／沼尾由之家文書／小池英治家文書／手塚芳昭家文書／姫路市立図書館所蔵姫路酒井家文書 【国立国会図書館所蔵】 安井息軒「読書餘滴」
［その他］
『国史大辞典 5巻』（吉川弘文館、一九八八年） 『日本歴史地名大系 第九巻 栃木の地名』（平凡社、一九八八年）

あとがき

『いまいち市史』の編さんに携わって以来、「川と人びとのくらし」に関心を抱いていた。市域を流れる大谷川と諸河川の治水・利水の問題である。その多くが鬼怒川水系の河川であり、関係史料を調査し、先行研究を学んだ。治水政策の前提となるのが、諸河川の水害の状況である。これについては、日光山の社家が残した『日光叢書社家御番所日記』が好史料となり、大谷川等の水害の実態を把握することができた。そのうえで「地方《じかた》史料」を精査し、鬼怒川水系における治水仕法がどのように展開したかを考察した。そこでは五十里洪水の惨状を再認識するとともに、現代にいたる鬼怒川の治水問題の存在を知った。また、所在知れずの「竹鼻川」や「百間堤」の位置も確認することができた。

市史の編さんでは、史料編・近世Ⅲに「洪水と川除普請」「売木と筏流し」について多くの史料が収載され、それを基に通史編Ⅲにおいて「鬼怒川上流域の林業と筏流し」「姿川通船計画」などが叙述された。豊かな木材資源は、鬼怒川水系を筏流しによって江戸へ運ばれ、下野国内の廻米や諸物資は巴波川・思川とともに鬼怒川の水運で江戸へ送られた。また、鬼怒川は、奥州・羽州方面と陸路で結ばれ、廻米・諸物資・旅客を江戸へ輸送した。鬼怒川は、那珂川・渡良瀬川とともに下野の内陸水路として重要な役割を果たしていたのである。船は、鬼怒川の水量・水深によって、上流では小型の部賀船や小鵜飼船が、下流では大型の高瀬船が使用された。流域には、物資の積み込みや荷揚げのために多くの河岸が発達した。もちろん鬼怒川の水は、「呑水」「田水」「水車」「漁労」としてもよく利用されていた。

最後になったが、本書を「随想舎歴文研出版奨励賞」にご推薦下さった栃木県歴史文化研究会常任委員の皆様に感謝するとともに、出版に際しご尽力をいただいた随想舎の方々にも厚く御礼申し上げる次第である。

二〇二〇年一〇月

竹末広美

［著　者］　竹《たけ》末《すえ》広《ひろ》美《み》

［略　歴］　1953年、栃木県に生まれる。

学習院大学法学部卒業。

栃木県内の高校で社会科教諭として40年以上勤務する。

『藤原町史』・『いまいち市史』・『鹿沼市史』の各編さん委員を務める。栃木県歴史文化研究会会員。

著書に『下野じまん ―番付にみる近世文化事情』『日光の司法 ―御仕置と公事宿』『日光の狂歌 ―二荒風体を詠む』『下野の俳諧 ―風雅の人ここにあり』『日光学 大王とみやまの植物』『下野狂歌の歌びと ―匕盛が戯れ鳳鳴が詠う』（随想舎）、論文に「日光宿の研究」（『歴史と文化』創刊号）などがある。第1回ふるさととちぎ歴史文化研究奨励賞受賞。

［住　所］　栃木県日光市鬼怒川温泉大原1429-13

下野の水路　鬼怒川水系をゆく

2021年6月16日　第1刷発行

［著　者］　竹末広美

［発　行］　有限会社 随想舎
〒320-0033 栃木県宇都宮市本町10-3 TSビル
TEL 028-616-6605　FAX 028-616-6607
振替　00360-0-36984
URL　http://www.zuisousha.co.jp/
E-Mail　info@zuisousha.co.jp

［装　丁］　塚原英雄

［印　刷］　モリモト印刷株式会社

定価はカバーに表示してあります／乱丁・落丁はお取りかえいたします

ISBN978-4-88748-392-7